Ein Buch aus der Reihe

Management konkret

Franz Xaver Bea
Steffen Scheurer
Sabine Hesselmann

Praxis der Projektplanung

Projektmanagement konkret

UVK Verlagsgesellschaft mbH
Konstanz und München

Bibliografische Information der Deutschen Bibliothek
Die Deutsche Bibliothek verzeichnet diese Publikation in der Deutschen Nationalbibliografie; detaillierte bibliografische Daten sind im Internet über <http://dnb.ddb.de> abrufbar.

ISBN 978-3-86764-529-4

Einbandgestaltung: Susanne Fuellhaas, Konstanz
Einbandmotiv: istockphoto.com, Empato

UVK Verlagsgesellschaft mbH
Schützenstraße 24 · 78462 Konstanz
Tel. 07531-9053-0 · Fax 07531-9053-98
www.uvk.de

Inhaltsverzeichnis

Einordnung der Projektplanung im gesamten Projektmanagement

Projektorganisation

Vorselektion von Projekten

Projektstart

Zielpräzisierung

Projektplanung

Projektumsetzung

Projektkontrolle

Projektabschluss

1 Aufgaben der Projektplanung

Die Projektplanung stellt einen systematischen Prozess der Analyse und Strukturierung eines Projektes dar.

Dieser Prozess dient insbesondere der Reduktion der Komplexität der Planungsaufgabe. Er zielt somit darauf ab,

- die Unsicherheit zu reduzieren,
- die Effizienz zu erhöhen,
- die Ziele genauer zu verstehen und somit den Anforderungen des Auftraggebers besser gerecht zu werden sowie
- eine Grundlage für die Projektumsetzung und -kontrolle zu schaffen (vgl. Kerzner [Projektmanagement] 387).

Die **Qualität der Projektplanung** übt einen entscheidenden Einfluss auf die Erreichung der Kosten-, Zeit- und Leistungsziele aus.

Diese Aussage soll am Beispiel der Festlegung, Entstehung und Beeinflussbarkeit der Kosten im gesamten Projektlebenszyklus verdeutlicht werden. Zu Beginn des Projektes sind nur wenige Ideen zur Verwirklichung vorhanden, die zukünftigen Kosten sind also noch stark beeinflussbar. Je weiter man in der Projektplanung voranschreitet, umso mehr Entscheidungen werden getroffen und umso weniger können die später anfallenden Kosten noch beeinflusst werden. Es erfolgen in der Planung beispielsweise Festlegungen auf bestimmte Produktdesigns oder Fertigungsverfahren, die erst in späteren Projektphasen tatsächlich Kosten nach sich ziehen. In Abb. 1 werden diese Zusammenhänge verdeutlicht.

Das Kostenvolumen des Projektes wird größtenteils von jenen Entscheidungen bestimmt, die in den frühen Projektphasen, v.a. in der Projektplanung, getroffen werden. Dies trifft auch auf eventuelle Fehlerbehebungskosten zu, die bei einer entsprechend genauen und vollständigen Projektplanung wahrscheinlich zu einem Großteil vermeidbar gewesen wären.

Im Allgemeinen kann man davon ausgehen, dass ein höherer Planungsaufwand in den frühen Projektphasen sich meist sehr positiv auf den gesamten Projekterfolg auswirkt. Beispielsweise können der Realisierungs- und Erprobungsaufwand und auch der spätere Wartungsaufwand erheblich verringert werden.

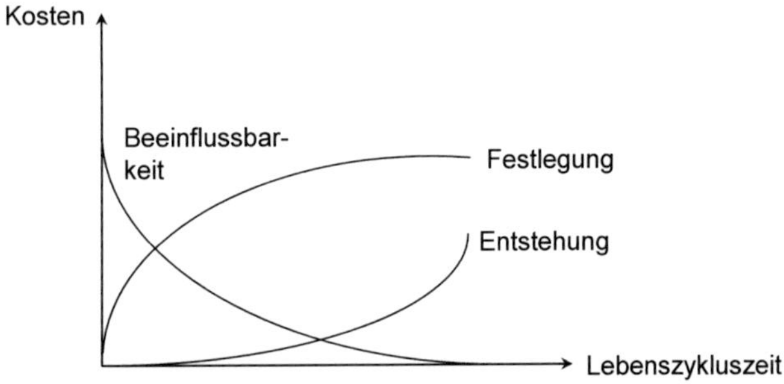

Abb. 1: Festlegung, Entstehung und Beeinflussbarkeit der Kosten im Lebenszyklus (In Anlehnung an: *Coenenberg/Fischer/Günther* [Kostenrechnung] 543)

Außerdem ist es oftmals möglich, die Projektlaufzeit zu verkürzen und so z.B. bei Produktentwicklungsprojekten das Produkt früher auf den Markt zu bringen. Eine entsprechende Intensität und Sorgfalt der Planung kann sich auch positiv auf den gesamten Lebenszyklus auswirken, d.h. das genauere Treffen der Kundenwünsche oder eine höhere Qualität können eine verlängerte Lebensdauer eines Produktes zur Folge haben (vgl. *Burghardt* [Projektmanagement] 76). Diese Wirkungen werden in Abb. 2 veranschaulicht.

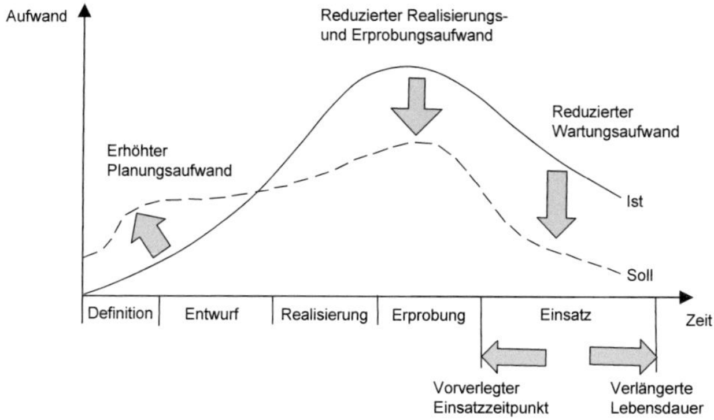

Abb. 2: Wirkung einer Erhöhung des Planungsaufwands (in Anlehnung an: *Burghardt* [Projektmanagement] 77)

- Betrachtet man die Stellung der Projektplanung im Zusammenhang mit der Projektumsetzung und Projektkontrolle, so sollen in der Projektplanung möglichst realistische Sollvorgaben für den weiteren Projektverlauf ermittelt werden. Diese Vorgaben betreffen
- den Umfang und die Qualität der Arbeitsleistung
- die Termine, zu denen die Arbeitsleistung erbracht sein muss
- den notwendigen Ressourceneinsatz
- die Kosten
- die Einzelschritte der Projektdurchführung (Projektablauf)

Im Laufe des sukzessiven Projektfortschritts werden diese Vorgaben als Soll-Daten den im Rahmen der Projektumsetzung gewonnenen Ist-Daten gegenübergestellt. Um die Vorgehensweise plastisch zu erläutern, wird im Folgenden auf die Führungsregelkreise zurückgegriffen, die in Abb. 3 nochmals dargestellt sind. Uns interessiert hierbei jetzt insbesondere der untere hell unterlegte Teilbereich (der obere dunkel gekennzeichnete Bereich beinhaltet die Multiprojektebene und ist daher in Teil 3 (UTB-Buch „Projektmanagement“) genauer beschrieben).

Werden im Rahmen der Projektumsetzung **Soll-Ist-Abweichungen** festgestellt, so folgt eine detaillierte Abweichungsanalyse. Je nach Stärke der Konsequenzen, die sich aus der Abweichung ergeben, werden unterschiedliche Maßnahmen ausgelöst: Oftmals genügen korrigierende Steuerungsmaßnahmen im Rahmen der weiteren Projektdurchführung, um die Ist-Werte den Soll-Werten anzunähern. Reicht dies nicht aus, muss der gesamte Plan des Projektes überarbeitet werden.

Häufig wirken sich Änderungen in einzelnen Projekten auch auf andere Projekte aus. Ein klassisches Beispiel hierfür sind Ressourcenverschiebungen zwischen Projekten. Daher können auch korrigierende Steuerungsmaßnahmen auf der Multiprojektebene notwendig werden. Eventuell ergeben sich aus der Abweichung auch Konsequenzen, welche die Sinnhaftigkeit des gesamten Projektes in Frage stellen. Beispielsweise kann eine Fehlplanung dazu führen, dass das Projekt nicht mehr den geplanten Wertbeitrag erbringt oder sogar Wert vernichtet. Das Projekt muss nunmehr erneut auf strategischer Ebene überprüft werden, denn vielleicht ist ein Abbruch des Projektes, auch in dieser fortgeschrittenen Phase, sinnvoller als eine Weiterführung.

In Abb. 3 ist noch ein weiterer Regelkreis zu sehen (gestrichelte Linie), der bei der Einzelprojektplanung ansetzt: Die Planfortschrittskontrolle. Hierbei handelt es sich um einen laufenden **Soll-Wird-Vergleich**, d.h. man vergleicht auf der Grundlage gemachter Erfahrungen die Zielgröße (Soll) mit Wirkungsprognosen (Wird) der späteren Zielerreichung. Auf diese Weise sollen eventuell auftauchende Störgrößen möglichst frühzeitig erkannt werden. Dies kann zu Änderungen in der Einzelprojektplanung, eventuell aber auch in der übergeordneten Gesamtunternehmensplanung führen.

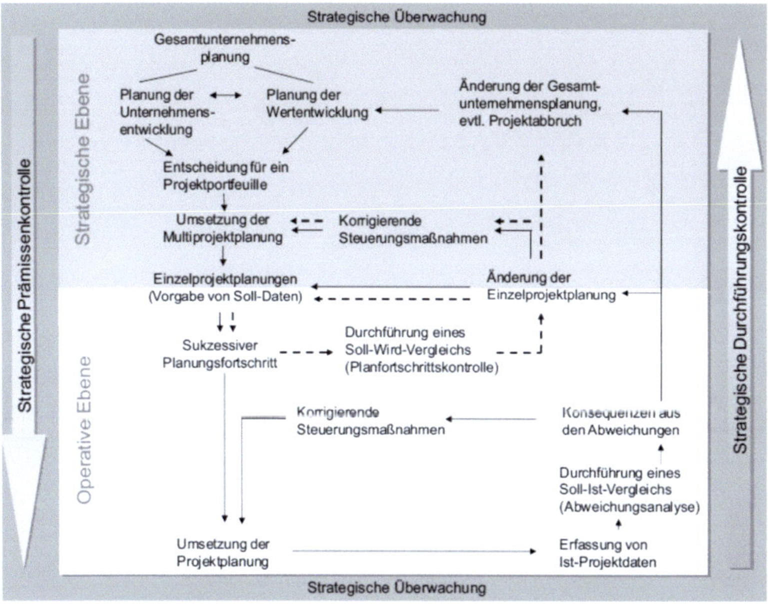

Abb. 3: Die Führungsregelkreise des Projektmanagements

An dieser Stelle muss darauf hingewiesen werden, dass eine Projektplanung natürlich immer mit Ungewissheit behaftet ist, da eine Planung auf die Erreichung von Zielen in der **Zukunft** abzielt. Auf die sich daraus ergebenden Problemfelder und entsprechenden Methoden wird aufgrund ihrer großen Bedeutung in Theorie und Praxis in einem eigenen Abschnitt (UTB-Buch „Projektmanagement“ Abschnitt 10.2) eingegangen. Hier soll nur erwähnt sein, dass ein erster Projektplan auf der Grundlage von relativ vielen Annahmen zustande kommt und somit zunächst lediglich ein erstes grobes Bild liefern kann. Mit dem Projektfortschritt nimmt die Sicherheit über bestimmte Sachverhalte zu, d.h. die Projektplanung hat einen iterativen Charakter und wird daher mehrfach überarbeitet und angepasst.

2 Planungstechniken

Die Projektplanung wird unterstützt durch den Einsatz von Planungstechniken. Die Anwendung einer Technik im Rahmen eines IT-Programmes wird häufig als „Tool“ bezeichnet.

> **Planungstechniken** stellen strukturierte und formalisierte Instrumente zur Erleichterung und Verbesserung von Wahrnehmungs- und Denkprozessen dar, die bei der Planung zu bewältigen sind.

Sie übernehmen eine instrumentale und eine organisatorische Funktion (vgl. *Bea/Haas* [Management] 58ff.).

> **Instrumentale Funktionen**:
>
> - Erleichterung des Planungsprozesses
> - Verbesserung des Planungsprozesses
>
> **Organisatorische Funktionen**:
>
> - Arbeitsteilung bei der Durchführung des Planungsprozesses
> - Transparenz des Planungsprozesses
> - Kontrolle des Planungsprozesses

(1) Instrumentale Funktionen

Unter den instrumentalen Funktionen ist die Erleichterung und Verbesserung des Planungsprozesses zu verstehen, d.h. mit einer Planungstechnik wird gewissermaßen die gefühlsbetonte Intuition des Planenden durch die in der Technik enthaltene vorgedachte Rationalität ergänzt und z.T. sogar ersetzt. Allerdings geht die Intuition des Planenden auch beim Einsatz von Planungstechniken nicht vollkommen verloren: Zum einen wird bereits die Auswahl der „richtigen" einzusetzenden Technik zum Großteil von Intuition getragen, zum anderen sind auch für die Nutzung der Technik das eigene „Bauchgefühl" und individuelle Überlegungen gefragt, die gesamte Planung läuft lediglich wesentlich systematischer ab.

(2) Organisatorische Funktionen

Planungstechniken haben insofern eine organisatorische Bedeutung, als sie eine Arbeitsteilung im Rahmen der Lösung eines Planungsproblems, eine Verbesserung der Transparenz des Planungsprozesses und damit eine Kontrolle der Planung ermöglichen.

Die **Arbeitsteilung** zielt insbesondere darauf ab zu verhindern, dass bewusst oder unbewusst bestimmte, vom Planenden erwünschte Planungsergebnisse herbeigeführt werden.

Die **Transparenz** des Planungsprozesses wird v.a. durch die Dokumentation der einzelnen Arbeitsschritte erhöht. Die Ergebnisse werden für Dritte nachvollziehbar. Die Transparenz ist eine wichtige Voraussetzung für die **Kontrolle** und **Steuerung** im weiteren Projektverlauf.

Mit dem Einsatz von Planungstechniken sind allerdings auch **Gefahren** verbunden: Sie bestehen in einer blinden Anwendung einer Technik und damit einem Verlust an Kritikfähigkeit gegenüber den Ergebnissen. Diese Gefahr besteht insbesondere dann, wenn der Einsatz von Planungstechniken durch IT-Systeme unterstützt wird, da die Technik sehr komplex ist. Eine gewisse „kritische Distanz" ist notwendig, um zu überprüfen, inwieweit die Ergebnisse tatsächlich plausibel erscheinen. Zudem besteht die eigentliche Herausforderung bei den meisten Techniken in der Interpretation der Ergebnisse und der Ableitung von Konsequenzen, für die sowohl eigene rationale Überlegungen als auch Kreativität notwendig sind.

Die in Frage kommenden und in Abb. 4 genannten Planungstechniken werden im Folgenden genauer beschrieben und jenen Teilprozessen der Projektplanung zugeordnet, zu denen sie thematisch gehören. Manche Planungstechniken, wie z.B. die Netzplantechnik, sind nur schwer einem bestimmten Teilprozess zuzuordnen, da mehrere Aufgabengebiete mit ihnen abgedeckt werden. Wir werden dies dann bei den jeweiligen Techniken gesondert ansprechen.

Die Kontrolltechniken werden im Zusammenhang mit der Kontrolle erörtert (vgl. UTB-Buch „Projektmanagement" S. 274), Techniken des Qualitätsmanagements auf S. 332 und Techniken des Risiko- und Chancenmanagements auf S. 351f.

3 Teilprozesse der Projektplanung

Die Projektplanung stellt einen systematischen Prozess der Analyse und Strukturierung eines Projektes dar.

Dieser Prozess besteht aus verschiedenen Teilprozessen, bei denen unterschiedliche Themenbereiche im Vordergrund stehen, die sich an den jeweiligen Objekten der Planung orientieren: Was muss für eine erfolgreiche Durchführung eines Projektes alles geplant werden?

Teilprozesse der Projekt-planung	Planungstechniken
Strukturplanung	Projektstrukturpläne
Arbeitsaufwands-planung	Expertenschätzungen Multiplikatormethode Parametrische Methode Beispiele für spezielle Techniken in der Softwareentwicklung: COCOMO II, Function Point Analysis
Ablaufplanung	Listen zur Ablaufplanung Balkenpläne Netzpläne
Terminplanung	Geschwindigkeitsdiagramm Terminliste Zeitfixierter Balkenplan Vernetzter Balkenplan Netzplan

Ressourcenplanung	
- Personal	Ermittlung des Ressourcenbedarfs auf Arbeitspaketebene und aggregiert pro Mitarbeitergruppe mit gleicher Qualifikation (Belastungsdiagramm) Detaillierte oder pauschale Kapazitätsermittlung Ressourcenvergleich und -optimierung
- Sachmittel	Sachmittelplanung auf Arbeitspaketebene und aggregiert Kapazitätsermittlung (z.B. mit Belegungsplan) Ressourcenvergleich und -optimierung
- Material	Materialplanung auf Arbeitspaketebene und aggregiert Materialplanung und -optimierung für den gesamten Produktlebenszyklus
- Finanzen	Projektspezifische Finanz- und Liquiditätsplanung
Kostenplanung	Prozesskostenrechnung Life Cycle Costing Target Costing Integrierte Projektkostenplanung

Abb. 4: Übersicht über Planungstechniken

Abb. 5 beschreibt die **Teilprozesse der Projektplanung**.

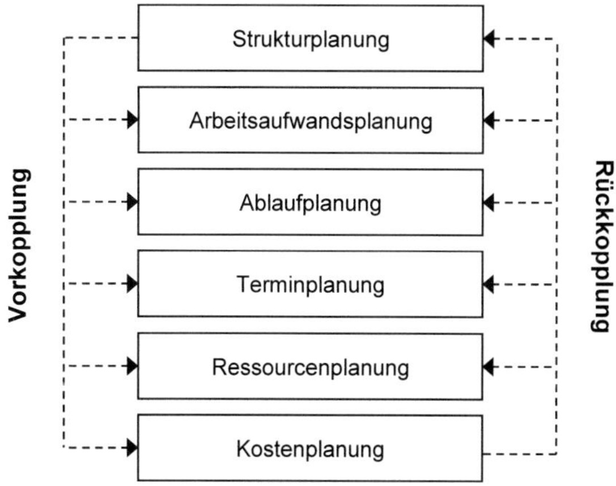

Abb. 5: Teilprozesse der Projektplanung

[1] Die Basis für alle weiteren Planungsaktivitäten ist der **Projektstrukturplan**, denn mit seiner Hilfe durchdringt der Planende die Aufgabenstellung und übersetzt sie in handhabbare Arbeitspakete.

[2] Der nächste Schritt besteht in der **Planung des Arbeitsaufwands**, der mit den jeweiligen Aufgaben verbunden ist: Wie viel Arbeitszeit wird die Bewältigung der Aufgabe wohl benötigen? Über welche Zeiträume wird sie sich hinziehen (Abschätzung der Dauer)?

[3] Anschließend sollten die Aufgaben in einen zeitlichen und logischen Ablauf gebracht werden. Dies geschieht durch die **Ablaufplanung**.

[4] Auf dieser Grundlage können nun Aussagen zu **Terminen** erarbeitet werden. An dieser Stelle werden die Interdependenzen zwischen den Teilprozessen besonders deutlich, denn meist steht ein mit dem Kunden vereinbarter Endtermin im

Raum, der unbedingt eingehalten werden soll. Dass dieser Termin bei den bisherigen Planungsaktivitäten ohne Probleme im ersten Anlauf erreichbar ist, wird wohl eher die Seltenheit sein. Normalerweise ergibt sich hier eine Rückkopplung zu den anderen Plänen, denn beispielsweise versucht man, Aktivitäten zu parallelisieren. Hier ist es allerdings sinnvoll, bereits den nächsten Planungsschritt mit einzubeziehen: Die Ressourcenplanung.

[5] Um die Möglichkeiten zur Optimierung richtig einschätzen zu können, sind die Quantität und die Qualität der notwendigen **Ressourcen** entscheidend: Welche Ressourcen stehen in welchem Ausmaß wann mit welchen Qualifikationen zur Verfügung? Gibt es besonders knappe Ressourcen, die einen Engpass darstellen werden? Können Aktivitäten überhaupt parallelisiert werden, wenn dabei z.B. auf dieselbe Ressource zurückgegriffen wird, d.h. kann diese Ressource den geplanten Aufwand für beide Aufgaben in diesem Zeitraum überhaupt bewältigen? Falls es hier zu grundlegenden Schwierigkeiten kommt, ist es durchaus möglich, dass man bis auf den Projektstrukturplan zurückgeht und beispielsweise eine andere Technologie einsetzt, um eine Engpassressource zu vermeiden, oder das gesamte Arbeitspaket an einen Subunternehmer vergibt.

[6] Der letzte Schritt in der Projektplanung besteht in der **Planung der Kosten** des Projektes. Die Kosten hängen von vielen Rahmenbedingungen ab, denen man sich in den anderen Planungsschritten bereits angenähert hat. Vor allem der geplante Aufwand der einsetzbaren Ressourcen schlägt direkt als Kosten zu Buche. Auch hier sind Rückkopplungen zu den anderen Planungsschritten möglich: Vielleicht hat man eine nahezu optimal erscheinende Lösung erarbeitet, die jetzt allerdings so teuer ist, dass der geplante Wertbeitrag des Projektes empfindlich schrumpft. Bei der Optimierung können alle bisherigen Pläne einbezogen werden.

Je kleiner und übersichtlicher ein Projekt ist, umso leichter ist es, bei den einzelnen Planungsschritten die vor- und nachgelagerten Aktivitäten intuitiv zu berücksichtigen.

Zudem arbeitet man in der Projektplanung „**vom Groben zum Detail**“, d.h. die erste Projektplanung wird i.d.R. noch auf einer relativ hoch aggregierten Ebene stattfinden, um erste Tendenzaussagen für die grundlegenden Entscheidungen ableiten zu können. Dieser erste Plan wird dann in weiteren Planungsrunden iterativ verfeinert, bis ein umfassender und detaillierter Plan entsteht.

Im Zuge der Umsetzung ergeben sich neue Informationen, die in den Projektplan eingearbeitet werden müssen, um ihre Auswirkungen auf das Projekt sinnvoll abschätzen zu können. Die Aktualität des Projektplans und die Möglichkeit, die neue Variante mit der ursprünglichen Planung zu vergleichen, stellt eine wichtige Voraussetzung für die Projektsteuerung dar. Diesem Thema werden wir uns im Zuge der Projektkontrolle in Abschnitt 8 zuwenden.

Die nächsten Abschnitte sind jeweils einem der Teilprozesse der Planung gewidmet. Es werden die Aufgaben des jeweiligen Teilprozesses und jene Planungstechniken erörtert, die zur Unterstützung der jeweiligen Aufgabe sinnvoll eingesetzt werden können.

4 Projektstrukturplanung

Die Aufgabe der Projektstrukturplanung besteht darin, die Gesamtaufgabe in einzelne Elemente zu zerlegen (DIN 69901-2:2009-01).

Ein **Projektstrukturplan** soll

- eine gute Übersicht über das Projekt in seiner Gesamtheit und über die Einzelaufgaben ermöglichen,
- die Vollständigkeit der Einzelaufgaben sicherstellen,
- als Grundlage für die Arbeitsteilung im Projekt dienen, indem Arbeitspakete definiert werden, die sich an einen eindeutig Verantwortlichen delegieren lassen und
- die Basis für die notwendige Koordination bei Schnittstellen zwischen den Arbeitspaketen bilden.

Der Projektstrukturplan dient somit als Grundlage für alle weiteren Pläne und wird daher auch als „**Plan der Pläne**" bezeichnet.

4.1 Arten von Projektstrukturplänen

Es lassen sich vier verschiedene Verfahren der Gliederung unterscheiden, die unterschiedlich gegliederte Projektstrukturpläne ergeben (vgl. DIN 69901-3: 2009-01 und *Litke* [Projektmanagement] 92ff.):

- Die **objektorientierte** Gliederung
- Die **funktionsorientierte** Gliederung
- Die **phasenorientierte** Gliederung
- Die **gemischte** Gliederung

[1] Bei der **objektorientierten** Gliederung erfolgt die Strukturierung nach den einzelnen Bestandteilen (Objekten), die für das Projekt benötigt werden (vgl. Abb. 6). Dieses Verfahren wird meist dann benutzt, wenn das Projekt die Herstellung eines Produktes zum Ziel hat, wie beispielsweise den Bau eines Hauses oder die Erstellung eines Softwareprogramms. Die Zerlegung erfolgt dann nach der technischen Struktur des zu erstellenden Produktes.

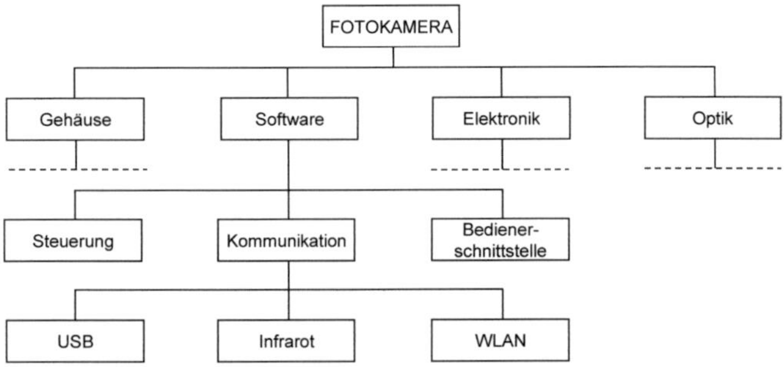

Abb. 6: Objektorientierter Projektstrukturplan

[2] Entwirft man einen funktionsorientierten Projektstrukturplan, so wird das Projekt in einzelne Verrichtungen zerlegt, die für die Verwirklichung des Projektes notwendig sind (vgl. Abb. 7). Dies ist insbesondere dann sinnvoll, wenn das Projekt Aspekte umfasst, die über die Herstellung eines Produktes hinausgehen, wie z.B. eine erfolgreiche Markteinführung oder die Erschließung von Beschaffungsmärkten.

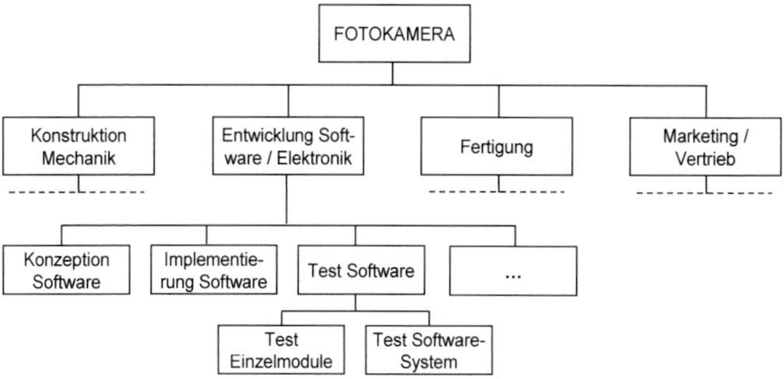

Abb. 7: Funktionsorientierter Projektstrukturplan

[3] Bei einem **phasenorientierten** Projektstrukturplan (auch ablauforientierter PSP genannt) werden die Phasen des jeweiligen Vorgehensmodells der Strukturierung zugrunde gelegt (vgl. Abb. 8).

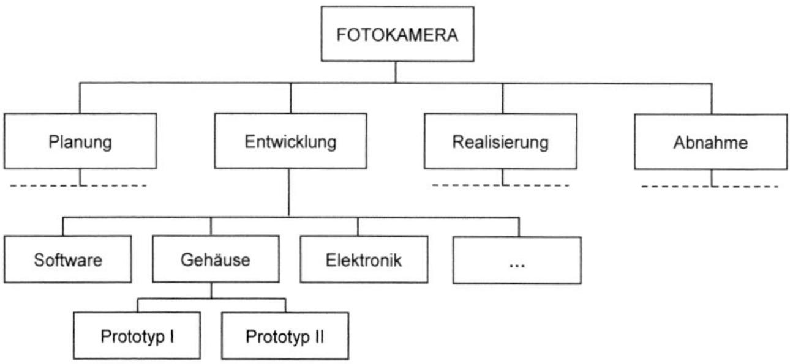

Abb. 8: Phasenorientierter Projektstrukturplan

[4] Im Rahmen einer **gemischten** Vorgehensweise werden die o.g. Verfahren nach praktischer Zweckmäßigkeit kombiniert (vgl. Abb. 9). Besonders sinnvoll erscheinen hier die Gliederung nach Objekten in den höheren Ebenen und eine weitere Aufspaltung nach Verrichtungen in den unteren Ebenen. Die-

se Methode hat sich aus den Bedürfnissen der Praxis heraus entwickelt und ermöglicht die vollständige Erfassung aller Arbeiten, die im Rahmen des Projektes zu erledigen sind.

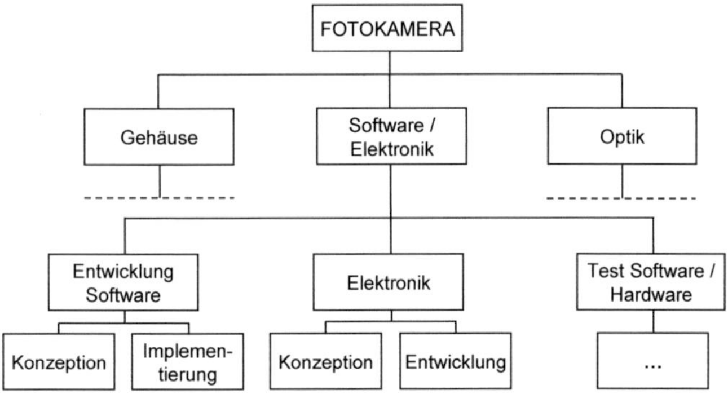

Abb. 9: Gemischter Projektstrukturplan

Da die Erstellung eines Projektstrukturplans meist sehr zeit- und arbeitsintensiv ist, werden in der Praxis oftmals **Standard-Projektstrukturpläne** angewendet. Natürlich können sie nur dann eingesetzt werden, wenn die Projekte eine ähnliche Struktur aufweisen. Sie werden häufig lediglich als Grundlage verwendet und dann in der Planungsphase projektspezifisch angepasst.

4.2 Elemente des Projektstrukturplans

Bei der Erstellung eines Projektstrukturplans wird das Gesamtprojekt in einzelne Teilaufgaben und Arbeitspakete gegliedert. Bei sehr großen Projekten wird das Gesamtprojekt zunächst in Teilprojekte zerlegt, die dann einzeln im Detail geplant werden.

Ein **Arbeitspaket** stellt die kleinste Einheit im Projektstrukturplan dar: „Die im Projektstrukturplan definierten Bestandteile des Projektes werden im ersten Schritt bis auf Arbeitspaketebene heruntergebrochen" (DIN 69901-2:2009-01).

Es sollte eine in sich geschlossene Aufgabenstellung innerhalb des Projektes darstellen, die selbständig von einer Einheit (Person oder Gruppe) bearbeitet werden kann. Ein Arbeitspaket kann auf einer beliebigen Gliederungsebene liegen (vgl. Abb. 10).

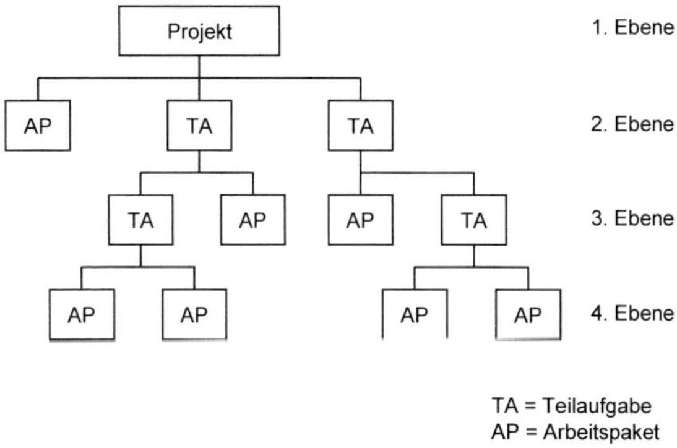

Abb. 10: Projektstrukturierung bis auf Arbeitspaketebene
(in Anlehnung an: *Schelle* [Projekte] 120)

Für jedes Arbeitspaket muss es einen **Verantwortlichen** aus dem Projektteam geben. Hierbei sollte besonders darauf geachtet werden, dass dem zuständigen Mitarbeiter nicht nur die Verantwortung, sondern auch die entsprechenden **Kompetenzen** übertragen werden, um die Aufgabe erfolgreich erledigen zu können.

Schelle ([Projekte] 127ff.) empfiehlt folgende **Regeln** bei der Definition von Arbeitpaketen:

- Es sollte für jedes Arbeitspaket nur eine verantwortliche Person geben.
- Aufgaben, die von anderen Unternehmen übernommen werden, sollten als eigene Teilaufgaben oder Arbeitspakete ausgewiesen werden.
- Für jedes Arbeitspaket muss eine klare Spezifikation der Leistung formuliert werden. Die Leistungen, die in verschiedenen Arbeitspaketen erbracht werden sollen, müssen somit eindeutig

voneinander abgrenzbar sein. Ansonsten können später keine zuverlässigen Aussagen über den Projektfortschritt gemacht werden.

- Es empfiehlt sich, die für das Arbeitspaket geplante Zeit zu der geplanten Dauer des gesamten Projektes in Beziehung zu setzen. Ist die Dauer des Arbeitspaketes hierbei relativ groß, kann ein nicht oder zu spät erkannter Terminverzug das gesamte Projekt gefährden. Natürlich gibt es Arbeitspakete, die sich ihrer Natur nach über die Dauer des Gesamtprojektes erstrecken, wie z.B. die Terminplanung und -kontrolle; für diese Arbeitspakete gilt diese Regel selbstverständlich nicht.
- Der Kostenanteil des Arbeitspakets an den gesamten geplanten Kosten des Projektes sollte nicht zu niedrig sein, denn sonst wird die Kostenkontrolle relativ aufwändig oder zu oberflächlich. Es werden Richtwerte von 1-5% der Gesamtkosten eines Vorhabens empfohlen.

5 Arbeitsaufwandsplanung

5.1 Ermittlung des Arbeitsaufwands

Der nächste Schritt nach der Planung der Projektstruktur besteht in der Abschätzung des Aufwands, der zur Erbringung der Leistung im Projekt notwendig sein wird.

Die Beschäftigung mit dem Thema „Aufwandsplanung“ in der Projektmanagementliteratur kann für einen Betriebswirtschaftler zunächst zu Verwirrungen führen. In der Betriebswirtschaftslehre ist der Begriff des Aufwandes im Rechnungswesen klar definiert und umfasst „den periodisierten erfolgswirksamen Verbrauch an Real- und Nominalgütern, der mit Auszahlungen verbunden ist“ (*Schweitzer/Küpper* [Systeme] 17).

Im Projektmanagement wird dieser Begriff häufig für eine Schätzung der notwendigen Arbeitszeit von Mitarbeitern zur Erledigung einer Aufgabe genutzt.

Grundsätzlich entsteht ein Aufwand durch die **Nutzung von Ressourcen**; die Aufwandsplanung stellt somit eine wichtige Vorarbeit für die detaillierte Ressourcenplanung dar. Im Rahmen der Ressourcenplanung werden wir die folgenden Ressourcen betrachten: Personal, Sachmittel, Material und Finanzmittel.

An dieser Stelle wird den Gepflogenheiten des Projektmanagements gefolgt: In diesem Abschnitt wird der Schwerpunkt der Ausführungen auf der Schätzung des Arbeits-/Personalaufwands liegen. Für diese Vorgehensweise sprechen zwei Gründe: Erstens kommt dem Arbeitsaufwand in vielen Projekten die weitaus größte praktische Relevanz zu, da er oftmals die höchsten Kostenblöcke verursacht. Zweitens sind mit der Schätzung des Arbeitsaufwands besondere methodische Schwierigkeiten verbunden.

Im Rahmen der Arbeitsaufwandsplanung wird jedes Arbeitspaket daraufhin untersucht, wie viel Arbeitszeit für seine Erledigung nötig sein wird. Dieser Aufwand wird gewöhnlich in „Manntagen", „Mannwochen", „Mannmonaten" oder auch „Mannjahren" gemessen.

Doch nicht nur die reine Arbeitszeit spielt bei dieser Planung eine Rolle, sondern auch die **Dauer**, also der Zeitraum, über den sich diese Leistungserbringung erstrecken wird. Dies hängt zum Großteil von der Art und Weise ab, wie die Arbeit erbracht werden kann: Arbeitspakete, deren Aktivitäten von mehreren Personen parallel erledigt werden können, sind von kürzerer Dauer als Vorgänge mit gleichem Aufwand, deren Arbeitsschritte sich nur sequenziell abarbeiten lassen. Teilweise ergeben sich auch längere Dauern aus der Art der Aufgabe, wie z.B. die Berücksichtigung der Zeit zum Trocknen von Beton auf einer Baustelle.

Beispiel:
Die reine Arbeitszeit für ein Arbeitspaket beträgt laut erster Schätzung 5 Tage. Aufgrund notwendiger Abstimmungsrunden werden diese 5 Tage sich jedoch erfahrungsgemäß über 10 Tage verteilen. Der Arbeitsaufwand des Arbeitspakets beträgt somit 5 Tage, die Dauer dagegen 10 Tage.

Bei der Ablaufplanung, z.B. mit einem Netzplan, steht die Frage im Vordergrund, bis wann das Projekt beendet sein kann, wenn alle zeitlichen und logischen Abhängigkeiten berücksichtigt werden. Daher wird hier mit den Dauern gearbeitet.

Will man jedoch eine Antwort auf die Frage, was das Projekt kosten wird, so benötigt man den Arbeitsaufwand, den man dann mit Geldeinheiten bewertet.

Die Schätzung von Arbeitsaufwand und Dauer bildet somit eine wichtige Basis für grundlegende Entscheidungen: Beispielsweise ermöglicht sie eine Abschätzung, ob ein Projekt bei den gegebenen Rahmenbedingungen überhaupt durchgeführt werden kann.

Unterschätzt man insbesondere den direkten Arbeitsaufwand, so kann dies den wirtschaftlichen Erfolg eines Projektes zunichte machen. Der geschätzte Aufwand hat einen **maßgeblichen Einfluss auf die Kostenstruktur eines Projektes** (vgl. *Cronenbroeck* [Projektmanagement] 62). Bei Entwicklungsprojekten beispielsweise resultiert aus den Arbeitszeiten der Entwickler häufig der größte Kostenblock, während die anderen Kostenarten, wie z.B. Materialkosten, je nach Art des Produktes oftmals zu vernachlässigen sind.

Im schlimmsten Fall kann eine Fehleinschätzung des Aufwands in einem Großprojekt **schwere Imageschäden und hohe Vertragsstrafen aufgrund von Terminverzögerungen** nach sich ziehen.

> **Beispiel**:
> Wegen gravierender technischer Probleme bei der Einführung der LKW-Maut konnte das Betreiberkonsortium **Toll Collect** den ursprünglichen Starttermin, den 31.08.2003, nicht einhalten. Die Einführung wurde zunächst auf den 02.11.2003 verschoben, doch auch dieser Termin konnte nicht realisiert werden. Das System wurde dann mit eingeschränkter Funktionalität zum 01.01.2005 eingeführt. Seit Anfang 2006 wird das System mit der vollen Funktionalität eingesetzt. Dieser Terminverschiebung lag auch eine Unterschätzung des mit dem Projekt verbundenen Aufwands zugrunde. Die Hauptanteilseigner von Toll Collect, die Deutsche Telekom und die Daimler AG, wurden in den Medien heftig kritisiert und von den Auftraggebern mit hohen Vertragsstrafen konfrontiert. Inzwischen läuft das System problemlos.

Die Aufwandsschätzung gewinnt in den letzten Jahren aufgrund verschiedener Entwicklungen zunehmend an Bedeutung (vgl. *Kindler/Jahnke/v. Schneyder* [Aufwandsschätzung] 14):

- Früher konnten Probleme bei der Aufwandsschätzung oftmals durch **Risikozuschläge** in der Kalkulation abgedeckt werden. Mittlerweile hat sich der Wettbewerb allerdings so stark verschärft, dass ein solches Vorgehen vor dem Kunden nicht mehr gerechtfertigt werden kann. Die Kunden erwarten transparente Kalkulationen; finanzielle Spielräume dieser Art bestehen in den meisten Branchen nicht mehr.
- Der professionelle Umgang mit Risiken erhält im **rechtlichen Umfeld** der Unternehmen einen höheren Stellenwert. Diese Entwicklung zeigt sich v.a. im Corporate Governance Kodex, im Gesetz zur Kontrolle und Transparenz im Unternehmensbe-

reich (KonTraG) sowie im Transparenz- und Publizitätsgesetz (TransPuG). Aus unzutreffenden Aufwandsschätzungen können sich bedeutende Projektrisiken ergeben, je nach Branche und Unternehmen gehören diese Risiken sogar zu den größten und wichtigsten.

In der Praxis stellt die Aufwandsschätzung eine relativ anspruchsvolle Aufgabe dar: In der Regel ist **viel Erfahrung** notwendig, um den Aufwand realistisch beziffern zu können. Wurden die **Ziele** nicht genau definiert und spezifiziert, so ist es nahezu unmöglich, den Aufwand zu ihrer Erreichung abzuschätzen. Häufig weisen Projekte einen **hohen Innovationsgrad** auf, was die Schätzung ebenfalls erschwert. Zudem unterliegt ein Projekt bzw. ein Arbeitspaket erfahrungsgemäß bestimmten **Einflüssen**, die nur schwer quantifiziert werden können, wie z.B. unerwarteter Personalwechsel im Projektverlauf oder auch die Änderungshäufigkeit der Anforderungen durch den Kunden. Manchmal erschweren auch **Änderungen der Randbedingungen** die Schätzung, beispielsweise Gesetzesänderungen, die Einfluss auf das Projektergebnis haben (vgl. *Litke* [Projektmanagement] 110).

Um die Genauigkeit der Aufwandsschätzung zu verbessern und den Schätzvorgang zu vereinfachen, wurden verschiedene **Methoden** entwickelt. Sie alle gehen in irgendeiner Form von **Erfahrungen** aus, die sie für die neuen Schätzungen im Rahmen eines Analogieschlusses zugrunde legen. Versucht man die Vielfalt der Methoden zu ordnen, so taucht in der Literatur oftmals der Begriff „Analogiemethode“ als eigenständig anzuwendende Technik auf. Diese Klassifikation ist insofern irreführend, als alle Methoden auf dieser grundsätzlichen Vorgehensweise des Analogieschlusses als „Folgerung von der Ähnlichkeit zweier Dinge auf die Ähnlichkeit zweier anderer oder aller übrigen“ beruhen.

Die angesprochene Vielfalt der Methoden ist darauf zurückzuführen, dass die verschiedenen Projektarten **sehr unterschiedliche Spezifika** aufweisen; d.h. bei einem Softwareentwicklungsprojekt können ganz andere Größen Einfluss auf den Aufwand nehmen, wie dies bei einem internen Prozessverbesserungsprojekt der Fall ist. Es müssen unterschiedliche Daten für die Schätzung verarbeitet werden, was auch verschiedene Vorgehensweisen nahe legt. Zudem ist es notwendig, die Verfahren **passend zum Einsatzzeitpunkt im Projektverlauf** auszuwählen, denn die Informationslage verbessert sich i.d.R. im Laufe des Projektfortschritts, d.h. der Detailliertheitsgrad und die Sicherheit nehmen zu.

Viele Methoden eignen sich gleichzeitig zur Schätzung der anfallenden **Kosten**, was sich durch den engen Zusammenhang zwischen Arbeitsaufwand und Kosten erklären lässt.

Ausgehend von der Expertenschätzung als Grundlage werden im Folgenden die bekanntesten Methoden vorgestellt (vgl. Abb. 11).

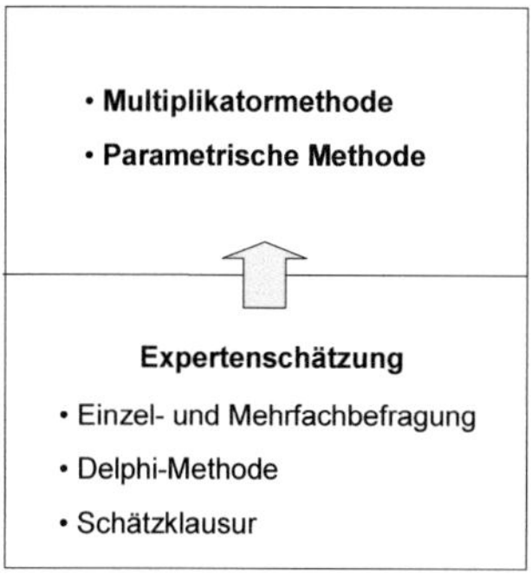

Abb. 11: Ausgewählte Methoden der Aufwandsschätzung (in Anlehnung an: Kindler/Jahnke/v. Schneyder [Aufwandsschätzung] 16)

Den meisten Methoden lässt sich eine Vielzahl unterschiedlicher Verfahren zuordnen; die Mehrzahl dieser Verfahren wurde zur Aufwandsschätzung innerhalb von Software-Projekten entwickelt. Wir werden zur Erläuterung der jeweiligen Methode daher meist ein Verfahren aus diesem Bereich heranziehen.

5.2 Expertenschätzungen

Eine Expertenschätzung stellt ein qualitatives Prognoseverfahren dar, in dessen Rahmen das spezielle Fachwissen eines ausgewählten Personenkreises genutzt wird (vgl. *Winkelhofer* [Projekt-Methoden] 270). Diese Experten können bei einer subjektiven Schätzung des Aufwands, der voraussichtlichen Dauer und/oder der Kosten auf ihre Kenntnisse und Erfahrungen zurückgreifen.

Ist ein Arbeitspaket entsprechend groß, so wird der **Aufwand für die einzelnen Vorgänge geschätzt**, aus denen sich das Arbeitspaket zusammensetzt. Aggregiert man die dabei ermittelten Werte, erhält man den Aufwand für das jeweilige Arbeitspaket. Durch Aggregation des Aufwands für die verschiedenen Arbeitspakete erhalten wir den Aufwand für eine Teilaufgabe (vgl. Abb. 12).

Bei den Expertenschätzungen werden verschiedene Methoden unterschieden:

- die Einzel- und Mehrfachbefragung
- die Delphi-Methode
- die Schätzklausur

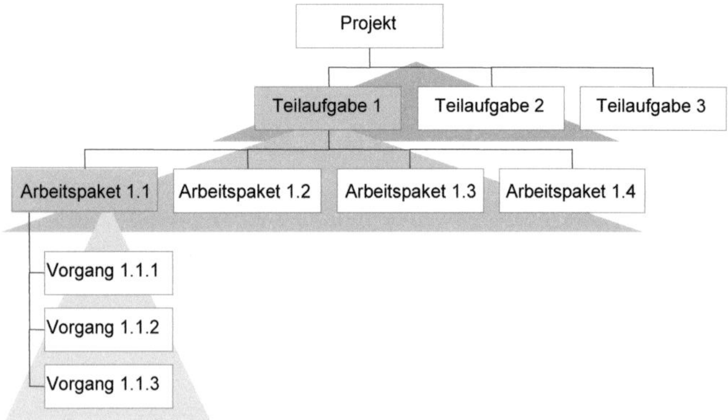

Abb. 12: Aggregation des Aufwands

5.2.1 Die Einzel- und Mehrfachbefragung

(1) Bei der **Einzelbefragung** wird auf das Fachwissen einer einzigen Person zurückgegriffen: Ein Experte oder der Projektleiter prognostiziert die zu schätzenden Größen. Hierbei können jeweils ein Schätzwert oder mehrere Schätzwerte wie im Drei-Punkt-Verfahren angegeben werden, falls das Risiko explizit berücksichtigt werden soll: Beim Drei-Punkt-Verfahren werden ein optimistischer, ein pessimistischer und ein dritter Wert, entweder der Mittelwert oder der Erwartungswert, geschätzt.

Diese Vorgehensweise ist relativ unkompliziert, schnell und einfach durchführbar, doch die Qualität der Schätzungen hängt zweifelsohne größtenteils von den Erfahrungen des befragten Experten ab. Somit kann es zu grundlegenden **Fehleinschätzungen** kommen, wenn

- dem Experten die notwendigen Fachkenntnisse fehlen,
- er den Plan nur oberflächlich beurteilt und nicht tiefer durchdringt,
- versehentlich Aufgabenteile übersieht,
- aus der Vergangenheit bestimmte „Vorurteile“ mitbringt und diese unbesehen auf das neue Projekt überträgt,
- die eigene Produktivität nicht realistisch eingeschätzt, sondern zu positiv beurteilt wird,
- mögliche Schwierigkeiten unterschätzt und/oder
- opportune, d.h. von den Vorgesetzten erwartete Schätzungen abgegeben werden (vgl. *Burghardt* [Projektmanagement] 110).

Die Einzelbefragung ist daher mit entsprechenden Risiken behaftet, die man mit einer Mehrfachbefragung zu vermeiden versucht.

(2) Bei der **Mehrfachbefragung** werden mehrere Experten gebeten, jeder für sich den Aufwand für ein Arbeitspaket zu schätzen. Man gewinnt somit mehrere Werte für jedes Arbeitspaket.

5.2.2 Die Delphi-Methode

Bei der Delphi-Methode handelt es sich um ein Verfahren der **mehrfachen Befragung einer Gruppe von Experten**. Sie besteht aus folgenden Schritten:

- Auswahl von Experten
- Schätzung durch die Experten unabhängig voneinander ohne Diskussion
- statistische Auswertung
- Bekanntgabe der Mittelwerte der Antworten und Bitte um Begründung stark abweichender Antworten durch die jeweiligen Experten
- Einreichung der Begründungen
- Information aller Experten über Mittelwerte und Begründungen
- Wiederholung der Schätzung und der weiteren Vorgehensweise (ca. zwei- bis dreimal)

Im Rahmen der Delphi-Methode wird das Wissen mehrerer Experten mit Rückkopplungsmöglichkeiten genutzt. Dabei wird besonders auf die Anonymität der Experten geachtet, um eine unerwünschte gegenseitige Beeinflussung zu verhindern. Allerdings ist diese Vorgehensweise relativ zeitaufwändig.

Ausschlaggebend für den Erfolg dieser Methode sind, wie bei allen Expertenbefragungen, die Auswahl der Befragten sowie ihre Bereitschaft zur Teilnahme und ihre Fähigkeiten zur Prognose.

5.2.3 Die Schätzklausur

Im Gegensatz zur Delphi-Methode wird bei der Schätzklausur besonderer Wert auf **gruppendynamische Prozesse** gelegt: Die Experten (in dem Fall meist die Projektmitarbeiter) planen die wichtigsten Aspekte des Projektes gemeinsam und schätzen anschließend den Aufwand für die einzelnen Arbeitspakete.

Eine Schätzklausur verläuft in folgenden **Schritten** (vgl. *Burghardt* [Projektmanagement] 112f.):

- **Vorbereitung**

  Als Grundlage für die Schätzung wird von allen Experten gemeinsam ein detaillierter Projektstrukturplan erarbeitet.

- **Durchführung**

  In diesem Abschnitt steht die Schätzung des Aufwandes im Mittelpunkt. *Burghardt* stellt eine vereinfachende Methode vor, bei der lediglich ein Referenzkomplex detailliert untersucht und einer genauen Aufwandsschätzung unterzogen wird. Die Ergebnisse werden dann auf die anderen Projektbestandteile entsprechend übertragen. Prinzipiell ist jedoch auch eine ausführliche Mehrfachschätzung für jedes Arbeitspaket mit einer eingehenden Diskussion der Gründe für die abgegebenen Schätzungen möglich. Wichtig ist hierbei das **offene Gespräch**, denn auf diese Weise können die Experten auf unterschiedliche Planungsprämissen aufmerksam werden. Am Ende dieser Phase steht die Einigung auf einen gemeinsamen Schätzwert.

- **Nachbereitung**

  Nach der Schätzung wird eine **erste grobe Projektplanung** mit Termin- und Ressourcenplan sowie einer Risikoanalyse aufgestellt, um ein klares Bild über das Projekt zu bekommen. Zudem wird die Plausibilität der Schätzwerte anhand anderer Verfahren überprüft.

Der große Vorteil der Schätzklausur liegt in der gemeinschaftlichen Auseinandersetzung mit dem Projekt und seinen Problemstellungen. Auf diese Weise entsteht eine gemeinsame Basis für das Verständnis der Ziele des Projektes und der Wege zur Zielerreichung. Die Schätzungen entstehen im gegenseitigen Austausch und werden daher auch gemeinsam getragen.

Um Aufwandsschätzungen möglichst objektiv zu gestalten, wurden verschiedene Methoden entwickelt, bei denen Erfahrungswerte in Form von Algorithmen mit in die Schätzung einfließen. Im Folgenden werden zwei Methoden vorgestellt:

- Multiplikatormethode
- parametrische Methode

5.3 Multiplikatormethode

Bei der Multiplikatormethode geht man von bestimmten messbaren Produktgrößen aus, die den Aufwand zu ihrer Herstellung zum Großteil festlegen, z.B. Lines of Code (LoC) bei der Softwareentwicklung. Man leitet aus vergangenen Projekten bestimmte Erfahrungswerte in Form von Kennzahlen ab, mit denen die jeweilige Produktgröße multipliziert wird, um den Aufwand abzuschätzen.

Die Vorgehensweise wird in Abb. 13 beispielhaft dargestellt. Dabei wird deutlich, dass die Kennzahl in Abhängigkeit bestimmter Einflussparameter festgelegt wird. Dabei könnte es sich z.B. um den Schwierigkeitsgrad einer Software-Entwicklung handeln, denn der Aufwand für die Programmierung einer Line of Code (LoC) kann je nach Komplexität relativ stark variieren.

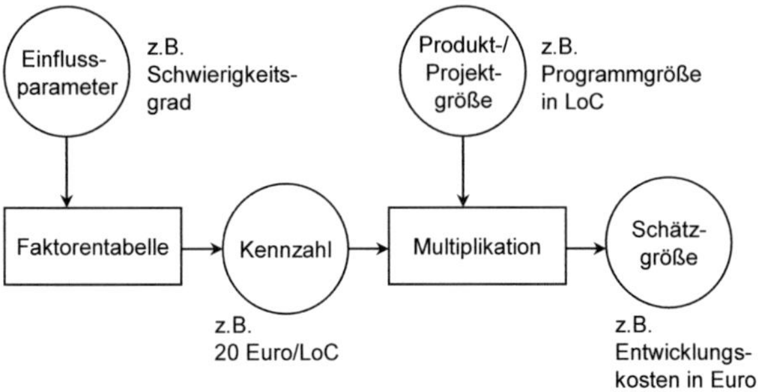

Abb. 13: Prinzip der Multiplikatormethode
(in Anlehnung an: *Burghardt* [Projektmanagement] 96)

Man geht hier von einem linearen Zusammenhang zwischen Produktgröße und Arbeitsaufwand aus. Allerdings hat sich in der Praxis gezeigt, dass der Aufwand mit zunehmender Größe meist überproportional steigt. Dies ist wahrscheinlich darauf zurückzuführen, dass bei einem größeren Projekt die Komplexität und der Aufwand für Koordination und Kommunikation meist stark anwachsen (vgl. *Noth* [Aufwandschätzung] 166).

5.4 Parametrische Methode

Die parametrische Methode konzentriert sich auf den Zusammenhang zwischen bestimmten Produktgrößen und dem Aufwand zu ihrer Herstellung. Man legt eine möglichst große Menge abgeschlossener Entwicklungsprojekte zugrunde und versucht, mit Hilfe von **Regressionsanalysen** entsprechende Zusammenhänge herauszufinden. Im Rahmen der parametrischen Methode wird also, wie im Rahmen der Multiplikatormethode, mit Algorithmen gearbeitet: Der Aufwand wird mit Hilfe von Formeln bestimmt, die aus empirischen Erhebungen abgeleitet werden.

Im Unterschied zur Multiplikatormethode, bei der ein einfacher linearer Zusammenhang zugrunde gelegt wird, geht man bei der Parametermethode von komplexeren Zusammenhängen aus.

Da die Produktgrößen je nach Projekt sehr unterschiedlich sein können, z.B. Menge oder Volumen bei Hardware und Anzahl der „Line of Codes“ bei Software, gibt es hier unterschiedliche Modelle zur Aufwandsschätzung, die auf die Eigenheiten des jeweiligen Bereiches genau zugeschnitten sind.

Beispielhaft sollen hier zwei Verfahren, die für die Schätzung des Arbeitsaufwandes in der Softwareentwicklung konzipiert worden sind, vorgestellt werden:

- Das in der Praxis häufig eingesetzte **COCOMO-Verfahren** (**Co**nstructive **Co**st **Mo**del) bzw. sein Nachfolger COCOMO II sowie
- die **Function Point Analysis**.

5.4.1 COCOMO

Das **COCOMO-Verfahren** wurde von *Barry Boehm* (University of Southern California) entwickelt und erstmals 1981 im Rahmen seiner Buches „Software Engineering Economics“ vorgestellt (vgl. *Boehm* [Software]).

Aufgrund der **umfassenden, nahezu revolutionären Veränderungen** in der Software-Entwicklung in den letzten zwei Jahrzehnten wurden Anpassungen an die neuen Gegebenheiten notwendig. So entstand COCOMO II (vgl. *Boehm* u.a. [COCOMO II] XXIX).

Mit diesem Verfahren sollte es möglich werden, mit Hilfe von bestimmten „Prozesstreibern“ das Modell an die eigenen Gegebenheiten anzupassen und durch das Modellieren der „Prozesstreiber“ die sinnvollste Gestaltungsvariante zu erkennen. Zudem sollte das Modell in der Lage sein, unterschiedlich detaillierte Informationen zu verschiedenen Zeitpunkten im Projekt zu verarbeiten, also eher ungenauere Schätzungen bezüglich der Kostentreiber in den ersten Projektphasen und zunehmend genauere Informationen im weiteren Projektverlauf.

COCOMO II beinhaltet **drei verschiedene Modelle**, die entweder für ein gesamtes Projekt oder innerhalb eines Projektes zu verschiedenen Zeitpunkten eingesetzt werden können (vgl. *Boehm u.a.* [COCOMO II] 10f.):

(a) **Das “Application Composition”-Modell**

Dieses Modell zielt auf die Schätzung des Aufwands zur Lösung von stark risikobehafteten Problemfeldern ab, wie die Gestaltung der Benutzerschnittstellen oder die Interaktion von Software und Gesamtsystem. Es wird oft für die Entwicklung von Prototypen in den frühesten Projektphasen eingesetzt.

(b) **Das “Early Design”-Modell**

Dieses Modell dient der groben Aufwandsschätzung; es kann daher gut für die Gegenüberstellung verschiedener Möglichkeiten zur Gestaltung der Software- und Systemarchitektur in den frühen Projektphasen genutzt werden, in denen noch wenig Informationen für die Schätzung zur Verfügung stehen.

(c) **Das “Post-Architecture”-Modell**

Nach der Entscheidung für eine Software- und Systemarchitektur ist ein detailliertes Modell notwendig. Da die anderen beiden Modelle zum Teil vereinfachte Ausprägungen dieser Variante darstellen, soll dieses Modell kurz erläutert werden.

Die Aufwandsschätzung im „Early Design“- und im „Post-Architecture“-Modell beruht auf der Gleichung:

$$(1)\ MM_{nominal} = A \cdot G^{B}$$

mit

MM	Aufwand in Mannmonaten
A	Konstante zur Erfassung der durchschnittlichen Produktivität (Mannmonate / Thousands of source lines of code); diese Konstante wird auf der Grundlage des vorliegenden Bestands an Projektdaten ermittelt
G	Produktgröße in Codezeilen (thousands of source lines of code (KSLOC))
B	Exponentialfaktor zur Erfassung des Einflusses der „Scale Drivers" auf den Aufwand

Zu einzelnen Bestandteilen dieser Gleichung:

- **Produktgröße G**

  Bei der Ermittlung der Produktgröße soll die Menge an intellektueller Arbeit quantifiziert werden, die für eine Produktentwicklung notwendig ist. Grundlage ist hier eine Definition der Maßgröße, mit der die Vergleichbarkeit über die verschiedenen Programmiersprachen hinweg gesichert werden kann. Daher wird für diese Definition eine Checkliste des Software Engineering Institute (SEI) herangezogen.

  Im Rahmen von COCOMO II wird die Möglichkeit der Modifikation der Produktgröße genutzt, um verschiedene Effekte zu berücksichtigen: Beispielsweise geht das Modell davon aus, dass sich im Laufe einer Software-Entwicklung die Anforderungen der Kunden verändern können, d.h. jedes Projekt ist wesentlich größer, als es zu Beginn aussieht. Dieser Effekt wird mit einem Prozentsatz auf die Lines of Codes (LoCs) vorweggenommen, der die aufgrund der Veränderung nutzlos entwickelten Codes widerspiegelt. Außerdem übt die Absicht, das Produkt oder einzelne Bestandteile wieder verwenden zu wollen („Re-use"), einen starken Einfluss auf die Produktgröße aus; z.B. hängt die Wiederverwendung stark von einer überschaubaren Struktur und einer detaillierten Beschreibung bzw. Dokumentation ab. Als weiterer Effekt wird im Modell der Aufwand für die Überarbeitung und Anpassung von Software über die Modifikation der Produktgröße berücksichtigt.

– **„Scale Drivers" (Exponent B)**

Über die „Scale Drivers" sollen Skaleneffekte („economies" und „diseconomies of scale") im Projekt quantifiziert werden. Beispielsweise üben der Neuigkeits- bzw. Innovationsgrad und die Entwicklungsflexibilität bezüglich Übereinstimmungen mit Vorgaben und externen Nutzerschnittstellen überdurchschnittlichen Einfluss auf den Aufwand aus. Auch dem professionellen Umgang mit Risiken wird ein starker Einfluss auf den Aufwand zugeschrieben. Sehr deutlich wird der überdurchschnittliche Effekt der „Team Cohesion": Viele Schwierigkeiten im Projekt können darauf zurückzuführen sein, dass die Stakeholder des Projektes, wie die Nutzer, Kunden, Entwickler usw., unterschiedliche Meinungen und Interessen vertreten und eine Einigung nur unter großen Mühen möglich ist. Ein weiterer „Scale Driver" ist die Fähigkeit der Organisation, mit den notwendigen Prozessen umzugehen. Diese Fähigkeit kann mit Hilfe des „Capability Maturity Model" (CMMI), einem Modell des Software Engineering Institute zur Einschätzung der Prozessreife einer Organisation, messbar gemacht werden.

Im „Early Design"- und im „Post-Architecture"-Modell wird der **nominale Aufwand**, der in Gleichung (1) berechnet wurde, einer tiefergehenden Analyse unterzogen und so wird der reale Aufwand geschätzt. Hierzu werden Kostentreiber untersucht, die den Aufwand für die Fertigstellung des Projektes stark beeinflussen; sie werden in einer neuen Formel multiplikativ mit dem nominalen Aufwand verbunden:

$$(2)\; MM_{real} = MM_{nominal} \cdot \left(\prod_i AM_i \right)$$

mit

Am_i Aufwandsmultiplikatoren, die sich aus den Einschätzungen der Kostentreiber für das jeweilige Projekt ergeben

Im „Post-Architecture"-Modell gibt es 17 Kostentreiber, die in der weniger detailliert ausgelegten „Early Design"-Variante zu 7 Kostentreibern zusammengefasst werden. Wir werden zur Veranschaulichung einige der Kostentreiber herausgreifen; sie werden in vier Kategorien eingeteilt (vgl. *Boehm u.a.* [COCOMO II] 41ff.):

– **Produkt-Faktoren**

  Hier spielt beispielsweise die notwendige Software-Verlässlichkeit eine wichtige Rolle: Diese ist umso höher, je problembehafteter und risikoreicher ein Fehler in der Software ist. Die höchste Ausprägung ist die Gefährdung menschlichen Lebens aufgrund eines Softwarefehlers. Auch die Komplexität des Produktes gehört zu den einzuschätzenden Produkt-Kostentreibern.

– **Plattform-Faktoren**

  Eine Plattform bezeichnet in diesem Zusammenhang die Verbindung von Hardware und Infrastruktur-Software. Bei den Plattform-Faktoren handelt es sich meist um wichtige Nebenbedingungen, wie die Befehlsausführungszeit oder den notwendigen Arbeitsspeicher.

– **Personal-Faktoren**

  Die Fähigkeiten und die Erfahrungen der beteiligten Mitarbeiter sowie ihr kontinuierlicher Einsatz werden bewertet.

– **Projekt-Faktoren**

  Spezifische Projekt-Faktoren sind beispielsweise der Einsatz von Software-Tools und die zur Verfügung stehende Zeit zur Entwicklung.

Außer dem realen Aufwand kann mit COCOMO II die benötigte Entwicklungszeit abgeschätzt werden, d.h. die Dauer des Projektes beim Einsatz einer bestimmten Teamgröße. Bei Realisierung des Projektes werden die Schätzungen überprüft und die Ergebnisse fließen als historische Daten mit in zukünftige Projekte ein.

Besondere **Vorteile** der COCOMO II-Methode können im abgestuften Einsatz der drei Modelle je nach Projektfortschritt und im individuellen Zuschnitt der Schätzungen auf die eigenen Gegebenheiten gesehen werden. Die Schätzungen sind relativ objektiv und nachvollziehbar. Die Erfahrungen aus den früheren Projekten werden genutzt, um für zukünftige Projekte genauere Schätzungen zu erreichen.

Als **Nachteil** kann der relativ große Aufwand für die Schätzungen angeführt werden. Zudem ist für die Einführung von COCOMO meist ein Experte notwendig, der die Mitarbeiter im Umgang mit den teilweise recht komplexen Modellen schult.

5.4.2 Function Point Analysis

Ein weiteres, in der Praxis sehr verbreitetes Verfahren zur Aufwandsschätzung im Rahmen von Softwareprojekten ist die Function Point Analysis (auch Funktionswertverfahren genannt). Diese Methode wurde in den 70er Jahren von *Allan J. Albrecht* im Auftrag von IBM erarbeitet. Ausschlaggebend für die Entwicklung dieses Verfahrens war die Tatsache, dass zunehmend unterschiedliche Programmiersprachen verwendet wurden: Der Aufwand für die Programmierung einer „Line of Code" in verschiedenen Sprachen ist kaum vergleichbar.

Es werden daher „**Function Points**" als neue, ordinale Maßeinheiten herangezogen, die sich an der Erfüllung von bestimmten Funktionen aus Sicht des Nutzers orientieren. Das Grundprinzip der Function Point Analysis besteht in der funktionsorientierten Zerlegung der Gesamtaufgabe in kleinere Einheiten, die eine genaue Zählung der fünf wichtigsten Komponenten ermöglichen:

- Ein- und Ausgabedaten,
- Abfragen,
- archivierte Daten und
- Daten, die für andere Anwendungen notwendig sind und somit Schnittstellenfunktionen übernehmen.

Diese „Geschäftsvorfälle" werden in einem ersten Schritt nach vorgegebenen Regeln gezählt (vgl. *Noth* [Aufwandschätzung] 176). Dieser Wert der Function Points gibt den Aufwand allerdings noch nicht vollständig wieder, sondern muss entsprechend adjustiert werden.

Es folgt eine **Bewertung von verschiedenen Applikations- und Umgebungsfaktoren**, die sich entscheidend auf den Aufwand auswirken. Beispielsweise kann bei der Entwicklung die „Reusability", also die Anforderung, einen Code in einer anderen Applikation wieder verwenden zu können, eine wichtige Rolle spielen und zunächst zu einem höheren Aufwand führen. Die Bewertung wird zum sog. „degree of influence" komprimiert und mit den vorliegenden Function Points verknüpft; als Ergebnis resultieren die sog. „bewerteten Function Points" (*Litke* [Projektmanagement] 120).

Der letzte Schritt der Function Point Analysis besteht in der eigentlichen Aufwandsschätzung: Es werden die Relationen von Function Points und dem Aufwand abgeschlossener Projekte als Referenzdaten herangezogen. Aus diesen Relationen ergibt sich eine **Kurve**, die den Zusammenhang zwischen den bewerteten Function Points und dem entsprechenden Aufwand aufzeigt (vgl. Abb. 14). Will man nun ein neues Projekt durchführen und hat die bewerteten Function Points ermittelt, so kann man den wahrscheinlichen Aufwand dieser Kurve entnehmen (vgl. *Litke* [Projektmanagement] 123).

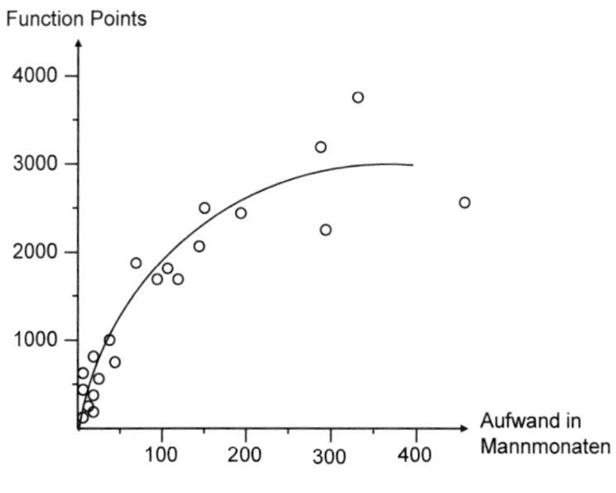

Abb. 14: Funktionswertkurve für Anwendersoftware-Systeme nach IBM (in Anlehnung an: *Burghardt* [Projektmanagement] 94)

An dieser Stelle zeigt sich deutlich, warum dieses Instrument meist unternehmensspezifisch angewendet wird: Um aussagefähige Schätzungen ableiten zu können, sollten die zugrunde liegenden Projektdaten (Function Point-/Aufwands-Relationen) möglichst aus der gleichen Entwicklungsumgebung stammen. Jedes weitere durchgeführte Projekt geht in die Datenbasis ein und trägt somit zur Aktualisierung der Kurve bei.

Als **Vorteile** des Function Point-Verfahrens können die Objektivität und Nachprüfbarkeit der Function Points und der gesamten Vorgehensweise gelten. Zudem dienen die Function Points oftmals als Basis für weitere Kennzahlen im Bereich Softwareentwicklung. Sie werden in verschiedenen Normen und Standards empfohlen oder vorausgesetzt. Mittlerweile sind beispielsweise unterschiedliche Varianten des Function Point-Verfahrens als ISO-Standard für die Messung des funktionalen Umfangs von Software international anerkannt. In den Achtziger Jahren wurde die „International Function Point User Group“ (IFPUG) gegründet, die sich mit der Weiterentwicklung und Verbreitung der Function Point Methode beschäftigt.

Die Function Point Analyse erfordert eine umfassende Schulung der Beteiligten, viel Erfahrung und eine einheitliche Vorgehensweise der Anwender. Zudem ist es notwendig, die Systemeigenschaften und die Entwicklungsumgebung für die in die Kurve einfließenden Projekte genau zu dokumentieren, damit eine Grundlage für die Identifikation abweichender Projekte zur Verfügung steht.

6 Projektablaufplanung

Auf der Grundlage der Planung der Projektstruktur und der Schätzung des Aufwands erfolgt als nächster Schritt die Planung des Projektablaufs.

> Mit Hilfe der **Projektablaufplanung** soll ein Überblick über organisatorische und technische Zusammenhänge innerhalb eines Projektes gewonnen werden (vgl. *Meyer* [Projektablaufplanung] 297).

Im Vordergrund steht daher die Untersuchung

- der Abhängigkeiten zwischen den Aktivitäten,
- von Möglichkeiten zur Parallelisierung von Aktivitäten,
- der notwendigen Zeitabstände zwischen den Aktivitäten sowie
- der Schnittstellen zwischen Arbeitspaketen.

Die Projektablaufplanung stellt einerseits die Grundlage für die Planung der Termine, Ressourcen und Kosten dar, andererseits beeinflussen diese Komponenten ihrerseits wiederum die Ablaufplanung: Es können sich verschiedene Beschränkungen im Bereich „Termine“, „Ressourcen“ oder „Kosten“ ergeben, die sich auf die Abläufe auswirken können. Beispielsweise können andere Arbeitsgänge notwendig werden, wenn die erforderliche Zeit für die geplanten Arbeitsschritte nicht zur Verfügung steht. Es zeigt sich hier also besonders deutlich, dass die verschiedenen Teilprozesse der Planung stark voneinander abhängen und daher eine iterative Vorgehensweise mit Vor- und Rückkopplungen angezeigt ist.

Werden den einzelnen Vorgängen des Ablaufplans geschätzte Vorgangsdauern zugeordnet und diese mit dem Kalender abgeglichen, so entsteht der Terminplan. Bei kleineren Projekten erfolgt die Ablauf- und Terminplanung oft in einem Schritt, daher werden die beiden Planungsschritte in der Literatur auch häufig zusammengefasst (vgl. *Schelle* [Projekte] 133ff., *Patzak/Rattay* [Projektmanagement] 248ff., *Cronenbroeck* [Projektmanagement] 63f.).

6.1 Grundlegende Vorgehensweise

Im Rahmen des Projektstrukturplans wurden Arbeitspakete identifiziert. Je nach Komplexität des Projektes und Detailliertheitsgrad der Planung werden diese Arbeitspakete zur Ablaufplanung genutzt oder sie werden noch weiter bis auf die Ebene der einzelnen Vorgänge heruntergebrochen. In Abb. 15 werden die Arbeitspakete in Vorgänge zerlegt, die im Zuge der Ablaufplanung in eine organisatorische und logische Reihenfolge gebracht werden. Zudem muss darauf geachtet werden, wie die Schnittstellen und Abhängigkeiten zwischen den Arbeitspaketen aussehen. Auch eine solche Schnittstelle zwischen Vorgängen in zwei verschiedenen Arbeitspaketen ist in Abb. 15 zu sehen.

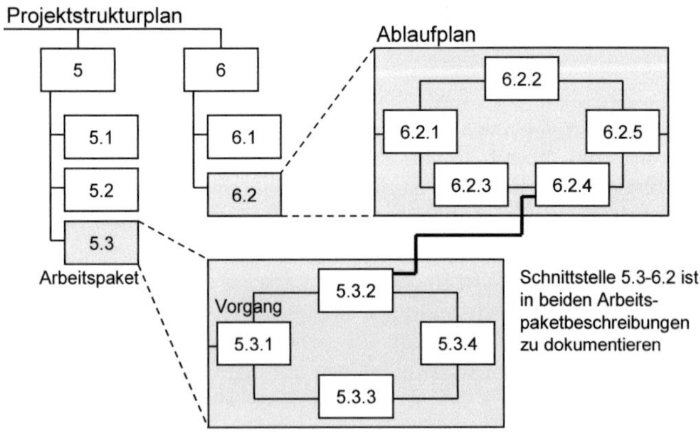

Abb. 15: Zusammenhang zwischen Projektstrukturplan und Ablaufplan (Quelle: *Meyer* [Projektablaufplanung] 298)

Um einen grundlegenden Eindruck vom zeitlichen Ablauf des Projektes zu gewinnen, ist es notwendig, für jeden Vorgang bzw. jedes Arbeitspaket abzuschätzen, wie lange seine Bearbeitung dauern wird. Diese Schätzung basiert i.d.R. auf einer ersten groben Planung des Personalaufwands.

Je nach Größe und Komplexität des Projektes bieten sich verschiedene **Methoden der Ablaufplanung** an:

- Listen
- Balkenplan
- Netzplantechnik

[1] Ein sehr einfaches Hilfsmittel für einfache, leicht überschaubare Projekte ist eine **Liste**, „in der die Vorgänge eines Projektes in ihrer ablauflogischen Reihenfolge zusammengestellt werden" (*Schwarze* [Netzplantechnik] 131). Eine solche Liste ist in Abb. 16 dargestellt.

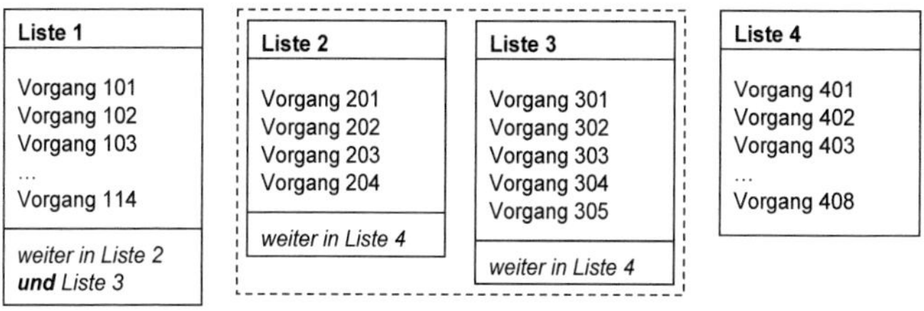

Abb. 2-16: Planung eines Projekts mit parallelen Vorgängen über Listen (Quelle: *Schwarze* [Netzplantechnik] 131)

[2] Als weitere, in der Praxis sehr beliebte Methode zur Ablaufplanung kann der **Balkenplan** angeführt werden. Da im Balkenplan der Projektablauf jedoch unabdingbar mit der Zeitachse verknüpft ist, wird dieses Instrument im Rahmen der Terminplanung dargestellt (s. Abschnitt 7.3).

[3] Eine bewährte und sehr bekannte Methode zur Analyse, Beschreibung, Planung, Kontrolle und Steuerung von komplexen Projektabläufen stellt die **Netzplantechnik** dar. Grundgedan-

ke der Netzplantechnik ist die Darstellung der Vorgänge und ihrer sinnvollen Reihenfolge; meist wird diese Methode auch für die Zeit- und Terminplanung genutzt. Zum besseren Verständnis werden wir die Netzplantechnik an dieser Stelle umfassend darstellen.

6.2 Die Netzplantechnik als Methode der Ablaufplanung

Die **Netzplantechnik** umfasst nach DIN 69900:2009-01 „auf Ablaufstrukturen basierende Verfahren zur Analyse, Beschreibung, Planung, Steuerung, Überwachung von Abläufen, wobei Zeit, Kosten, Ressourcen und weitere Größen berücksichtigt werden können." Der Netzplan ist somit die „graphische oder tabellarische Darstellung einer Ablaufstruktur, die aus Vorgängern bzw. Ereignissen und Anordnungsbeziehungen besteht."

Der Name „Netzplantechnik" geht auf die Darstellungsform dieser Methode zurück: Bei Projekten mit vielen Vorgängen ähnelt die graphische Darstellung einem Netz.

6.2.1 Grundbegriffe

Im Rahmen der Netzplantechnik wird eine spezielle Terminologie benutzt, die in der DIN-Norm 69900 festgelegt ist. Von besonderer Wichtigkeit sind hierbei:

- **Vorgänge**

  Ein Vorgang ist ein „Ablaufelement zur Beschreibung eines bestimmten Geschehens mit definiertem Anfang und Ende" (DIN 69900). Je nach Aggregationsgrad können hier Arbeitspakete betrachtet werden, oder man zerlegt die Arbeitspakete in einzelne Aufgaben, die dann als Vorgänge der Planung zugrunde gelegt werden.

- **Dauer**

  Ein Vorgang ist durch eine bestimmte Dauer gekennzeichnet, die benötigt wird, um den Vorgang auszuführen. Die Dauern werden auf der Grundlage einer groben Aufwandsschätzung ermittelt.

- **Ereignisse**

  Ein Ereignis ist ein „Ablaufelement, das das Eintreten eines bestimmten Zustands beschreibt" (DIN 69900). Ein Ereignis kann über keine Dauer verfügen, da es einen bestimmten Zeitpunkt kennzeichnet, der mit Erfüllung einer bestimmten Bedingung eintritt. Jeder Vorgang beginnt und endet mit einem Ereignis.

  Besonders wichtige Ereignisse werden „Meilensteine" genannt; sie werden oft als Eckpunkte für die Planung, Steuerung und Kontrolle von Projekten, insbesondere für die Messung des Projektfortschritts genutzt.

- **Anordnungsbeziehungen**

  Unter einer Anordnungsbeziehung versteht man eine „quantifizierbare Abhängigkeit zwischen Ereignissen oder Vorgängen" (DIN 69900). Es handelt sich hierbei um Abhängigkeiten insbesondere technischer Art. Es gibt vier verschiedene **Typen von Anordnungsbeziehungen**:

  (a) **Die Normalfolge**

  Das Ende des Vorgängers ist mit dem Anfang des Nachfolgers verknüpft, d.h. der nachfolgende Vorgang B kann erst dann beginnen, wenn der Vorgänger A abgeschlossen ist (vgl. Abb. 17). Diese Abhängigkeit kommt in der Praxis am häufigsten vor.

  (b) **Die Anfangsfolge**

  Die Anfänge der beiden beteiligten Vorgänge hängen voneinander ab, z.B. kann der Vorgang B begonnen werden, sobald Vorgang A begonnen worden ist. Die beiden Vorgänge laufen dann parallel ab. Im Beispiel in Abb. 18 sieht man ein anderes Verständnis der Testtätigkeit als in Abb.

17: Hier wird das Testen als nahezu gleichlaufendes Element zur Softwareentwicklung verstanden.

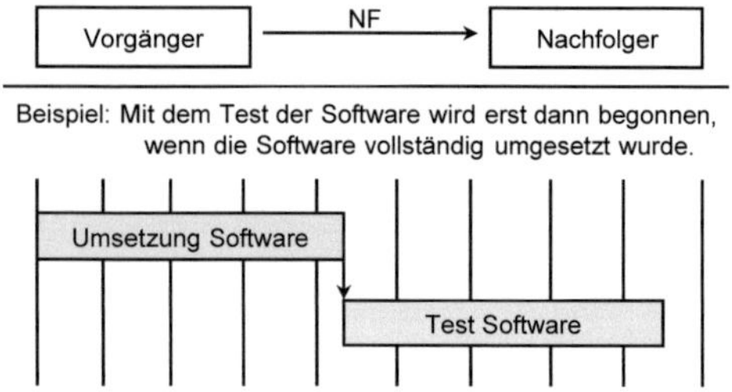

Abb. 17: Die Normalfolge (NF)

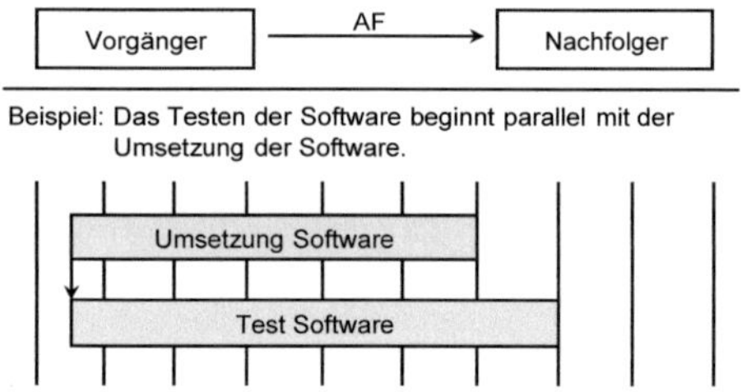

Abb. 18: Die Anfangsfolge (AF)

(c) **Die Endfolge**

Die beiden Enden der beteiligten Vorgänge sind miteinander verknüpft, z.B. kann Vorgang B erst beendet werden, wenn auch sein Vorgänger abgeschlossen wurde (vgl. Abb. 19).

(d) **Die Sprungfolge**

Der Anfang des Vorgängers ist mit dem Ende des Nachfolgers verbunden, d.h. Vorgang B kann erst dann beendet werden, wenn Vorgang A begonnen worden ist (vgl. Abb. 20).

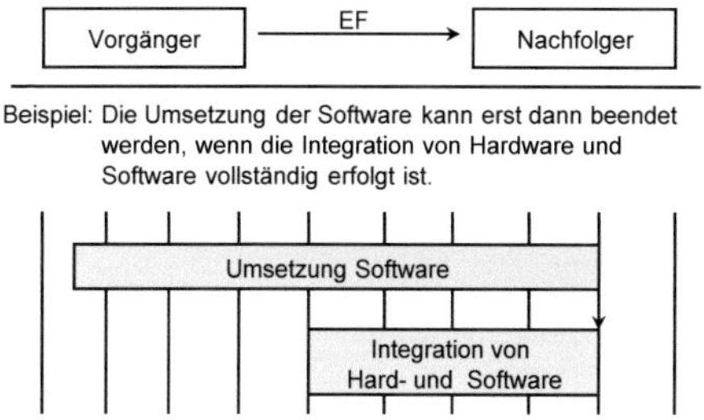

Abb. 19: Die Endfolge (EF)

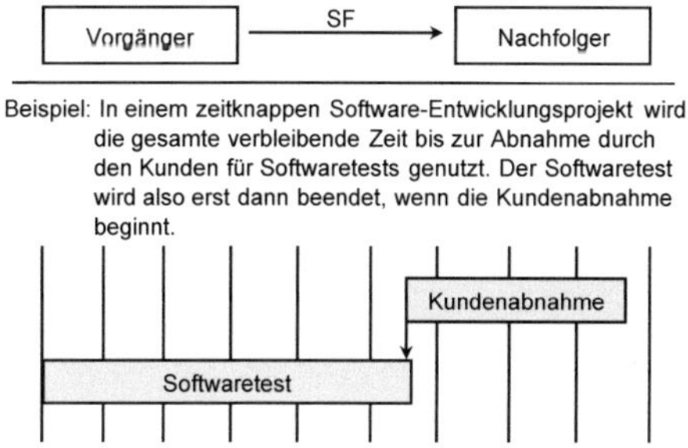

Abb. 20: Die Sprungfolge (SF)

6.2.2 Arten von Netzplänen

Es gibt verschiedene Arten von Netzplänen, in denen die drei Bestandteile „Vorgänge“, „Ereignisse“ und „Anordnungsbeziehungen“ unterschiedlich dargestellt werden:

- Ereignisknoten-Netzplan (Beispiel: PERT)
- Vorgangspfeil-Netzplan (Beispiel: CPM)
- Vorgangsknoten-Netzplan (Beispiel: MPM)

(1) Ereignisknoten-Netzplan

Die Ereignisse werden hier als Knoten und die Anordnungsbeziehungen als Pfeile visualisiert (vgl. Abb. 21). Die Vorgänge können auf diese Weise nicht explizit und detailliert dargestellt werden. Oftmals werden an den Pfeilen die Zeitabstände zwischen den Ereignissen vermerkt.

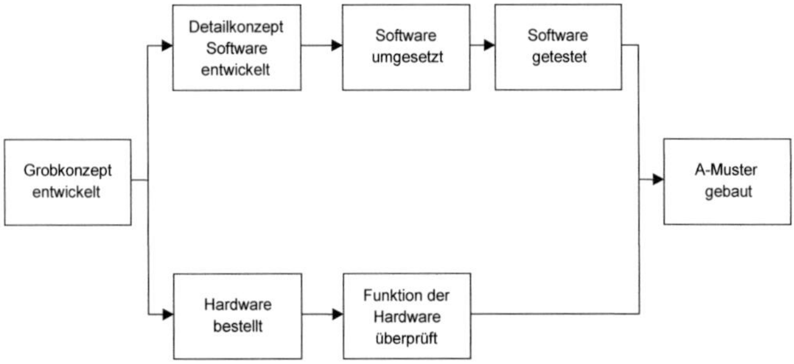

Abb 21: Ereignisknoten-Netzplan

Beim Ereignisknoten-Netzplan treten die Vorgänge stark in den Hintergrund. Der Schwerpunkt liegt, wie der Name sagt, auf den Ereignissen, die hier meist den Charakter von wichtigen Meilensteinen annehmen. Diese Netzpläne werden daher v.a. als Übersichtspläne in Form von Meilenstein-Netzplänen genutzt. Die vereinfachten Pläne mit den Meilensteinen und ihrer Reihenfolge können als übersichtliches Informations- und Kontrollinstrument für die Geschäftsführung eingesetzt werden. Zudem bietet sich ein Ereignisknoten-Netzplan an, wenn detaillierte Informationen über die Vorgänge fehlen (z.B. bei Forschungs- und Entwicklungsprojekten) (vgl. *Schwarze* [Netzplantechnik] 103 und 107f.).

Als bekanntestes Beispiel für einen Ereignisknoten-Netzplan gilt die „**Program Evaluation and Review Technique**" (**PERT**), die Ende der 50er Jahre in den USA entstand. PERT wurde damals für den Einsatz bei der US Navy entwickelt, die damit Hunderte von Zulieferern für ihr „Polaris U-Boot-Raketensystem" koordinieren wollte (vgl. *Burke* [Projektmanagement] 25). Im Rahmen der PERT-

Methode wird explizit berücksichtigt, dass die Schätzung der Vorgangsdauern unter Ungewissheit erfolgt: Die Vorgangsdauer ist somit eine Zufallsvariable, die sich aus einer vorzugebenden Wahrscheinlichkeitsverteilung ergibt.

Um die relativ aufwändige, statistische Vorgehensweise zu vereinfachen, entwickelte man ein Modell auf der Grundlage einer **Dreizeitenschätzung**:

- Eine **häufigste Dauer** (h) als Zeitaufwand unter normalen Bedingungen,
- Eine **pessimistische Dauer** (p) als Zeitaufwand unter ungünstigen Bedingungen, d.h. bei Eintreten negativer Störfaktoren, die sich zeitverlängernd auswirken,
- Eine **optimistische Dauer** (o) als Zeitaufwand unter besonders günstigen Bedingungen, also die kürzestmögliche Dauer (vgl. *Zimmermann/Stark/Rieck* [Projektplanung] 52).

Als Wahrscheinlichkeitsverteilung wird bei der PERT-Technik von einer Beta-Verteilung ausgegangen. Aus den drei geschätzten Werten wird auf dieser statistischen Grundlage eine „mittlere erwartete Dauer" berechnet. Sie ergibt sich als Durchschnitt von häufigster Dauer, pessimistischer Dauer und optimistischer Dauer, wobei die häufigste Dauer wesentlich stärker gewichtet wird, nach folgender Formel:

$$\text{Mittlere erwartete Dauer} = \frac{o + 4h + p}{6}$$

Die PERT-Methode ist grundsätzlich für Projekte gedacht, bei denen die Vorgangsdauern erheblich schwanken können, wie z.B. Forschungsprojekte. Es ist eine fundierte rechentechnische Unterstützung notwendig, um die Masse an Informationen entsprechend auswerten zu können.

(2) Vorgangspfeil-Netzplan

Die Vorgänge werden als Pfeile dargestellt, die Knoten symbolisieren die Ereignisse (vgl. Abb. 22). Bei dieser Variante des Netzplans stehen die Vorgänge im Mittelpunkt der Betrachtung, die Ereignisse sind von untergeordneter Bedeutung.

Bei Vorgangspfeil-Netzplänen kann es Schwierigkeiten bei der Darstellung parallel ablaufender Vorgänge und komplexer Abhängigkeiten geben.

Das wichtigste Beispiel für einen Vorgangspfeil-Netzplan ist die „**Critical Path Method**" (**CPM**), die wie PERT in den 50er Jahren in den USA entstand. Im Mittelpunkt stand dabei die Zeit-Kosten-Wechselbeziehung: Wie wirkt sich eine Verkürzung des Projektes auf die Kosten aus? Einige Kosten werden tendenziell sinken (wie z.B. die Miete für Testanlagen), andere werden dagegen steigen (wie z.B. Kosten für Überstunden). Mit Hilfe der CPM können die Auswirkungen auch bei großen und sehr komplexen Projekten relativ überschaubar modelliert werden (vgl. *Burke* [Projektmanagement] 24).

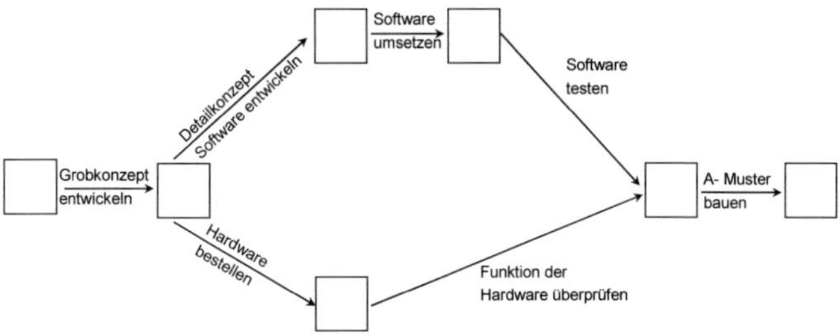

Abb. 22: Vorgangspfeil-Netzplan

(3) Vorgangsknoten-Netzplan

Die Vorgänge werden als Knoten, die Anordnungsbeziehungen als Pfeile zwischen den Knoten dargestellt (vgl. Abb. 23).

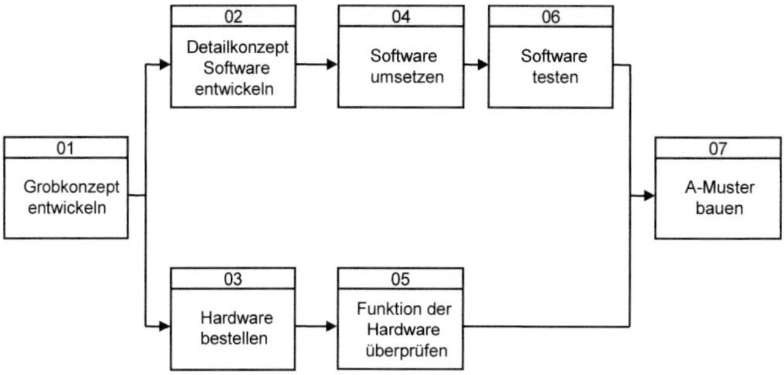

Abb. 23: Vorgangsknoten-Netzplan

Diese Darstellungsform bietet die Möglichkeit, alle wichtigen Informationen über den Vorgang aufzunehmen, ohne dass der Netzplan zwingend an Übersichtlichkeit und Lesbarkeit verliert. Hierbei kämen beispielsweise in Frage (vgl. *Schwarze* [Netzplantechnik] 95f.):

- eine Vorgangsnummer
- eine kurze Beschreibung des Vorganges
- die Dauer
- der früheste und späteste Anfang
- das früheste und späteste Ende
- Pufferzeiten (Zeitreserven)
- Kostenstellennummern
- benötigte Mitarbeiter
- benötigte Maschinen

Ein Knoten könnte somit, je nach notwendiger Information, folgendermaßen aussehen:

<table>
<tr><td>Vorgangs-Nr.</td><td>Projekt-Nr</td><td>Teilproj.-Nr.</td><td>Kostenstelle</td></tr>
<tr><td colspan="4">Vorgangsbeschreibung</td></tr>
<tr><td>Dauer</td><td>FAZ</td><td>GP</td><td>FEZ</td></tr>
<tr><td>Priorität</td><td>SAZ</td><td>FP</td><td>SEZ</td></tr>
</table>

<table>
<tr><td>Vorgangs-Nr.</td><td colspan="3" rowspan="3">Vorgangsbeschreibung</td></tr>
<tr><td>Projekt-Nr</td></tr>
<tr><td>Teilproj.-Nr.</td></tr>
<tr><td>Kostenstelle</td><td>Dauer</td><td>FAZ</td><td>FEZ</td></tr>
<tr><td>Arbeitskr. A</td><td>Maschinen I</td><td>GP</td><td>FP</td></tr>
<tr><td>Arbeitskr. B</td><td>Maschinen II</td><td>SAZ</td><td>SEZ</td></tr>
</table>

Legende: FAZ = frühester Anfangszeitpunkt SAZ = spätester Anfangszeitpunkt GP = gesamte Pufferzeit
FEZ = frühester Endzeitpunkt SEZ = spätester Endzeitpunkt FP = freie Pufferzeit

Abb. 24: Zwei alternative Darstellungen eines Vorgangsknotens (Quelle: *Schwarze* [Netzplantechnik] 96)

Allerdings sollten auch nicht zu viele Informationen in die Knoten integriert werden, da ansonsten der Netzplan leicht unübersichtlich werden kann.

Ereignisse werden im Rahmen des Vorgangsknoten-Netzplans nicht dargestellt. Will man bei dieser Methode dennoch Meilensteine als besonders wichtige Ereignisse darstellen, so ist dies mit einem speziell gekennzeichneten Vorgang möglich.

Die bekannteste Variante eines Vorgangsknoten-Netzplans stellt die „**Metra-Potential-Method**" (**MPM**) dar, die ebenfalls in den späten 50er Jahren entwickelt wurde. Vorgangsknoten-Netzpläne werden derzeit in Theorie und Praxis am häufigsten eingesetzt (vgl. *Zimmermann/Stark/Rieck* [Projektplanung] 59 und *Patzak/Rattay* [Projektmanagement] 258). Auch für unser Beispiel im folgenden Abschnitt wird daher ein Vorgangsknoten-Netzplan zugrunde gelegt.

Zwei der drei vorgestellten Varianten der Netzplantechnik (CPM und MPM) gehören zu den **deterministischen Netzplänen**. Man geht hier davon aus, dass der Projektablauf im Rahmen der Planung relativ genau festgelegt werden kann. Dies ist in der Realität nicht immer der Fall, insbesondere bei Projekten in der Forschung und Entwicklung oder bei Markteinführungsprojekten. Bei diesen Projekten wird oftmals erst während der Projektumsetzung entschieden, ob bestimmte Vorgänge überhaupt oder erst zu einem späteren Zeitpunkt angegangen werden sollen.

In diesem Fall werden oftmals **Entscheidungsnetzpläne** eingesetzt; sie werden auch **stochastische Netzpläne** genannt. Mit Hilfe eines Entscheidungsnetzplans können alternative Projektabläufe dargestellt werden. Dazu werden sog. Entscheidungsknoten verwendet, die eine Entscheidung über den weiteren Verlauf des Projektes symbolisieren. Manchmal ist es möglich, den verschiedenen alternativen Vorgängen Wahrscheinlichkeiten zuzuordnen. Auf diese Weise entsteht ein sog. „**Entscheidungsbaum**“, wie er in der Entscheidungslehre oder im Operations Research eingesetzt wird (zum Umgang mit einem Entscheidungsbaum vgl. z.B. *Bamberg/Coenenberg/Krupp* [Entscheidungslehre] 242f. und 253ff. oder *Klein/Scholl* [Entscheidung] 419ff.). Vertiefende Ausführungen zur Darstellung, zu Besonderheiten und zum Umgang mit stochastischen Netzplänen finden sich z.B. bei *Schwarze* [Netzplantechnik] 136ff. oder *Corsten/ Corsten/Gössinger* [Projektmanagement] 226ff., zur Auswertung stochastischer Netzpläne vgl. *Domschke/Drexl* [Operations Research] 236ff.

Da in der Praxis vorwiegend die deterministische Netzplantechnik eingesetzt wird, werden wir uns im Folgenden auf diese Art von Netzplänen konzentrieren.

6.2.3 Die Arbeit mit einem Netzplan

Beim Arbeiten mit einem Netzplan wird gewöhnlich folgendermaßen vorgegangen:

[1] **Strukturanalyse und Entwurf des Netzplans**: Die Projektaufgabe wird in Vorgänge und/oder Ereignisse zerlegt und die logischen Zusammenhänge werden erfasst.

[2] **Zeitanalyse**: Der erste Schritt der Zeitanalyse besteht je nach Art des Netzplans in der Schätzung der Vorgangsdauern bzw. der Dauern zwischen den Ereignissen. Anschließend können der sog. „Kritische Pfad“ und die Zeitreserven berechnet werden.

[3] **Optimierung des Netzplans**: Bei der Erstellung eines Netzplans gibt es i.d.R. keine „optimale Lösung". Man versucht, aus einer Vielzahl möglicher Lösungen eine Lösung herauszufiltern, die aufgrund der technischen und terminlichen Rahmenbedingungen durchführbar erscheint und zudem eine möglichst gute Zielerreichung verspricht. Es handelt sich hierbei um einen iterativen Prozess, da man die komplexen Zusammenhänge nur schwerlich „im ersten Wurf" erkennen kann.

[4] **Nutzung für die Projektsteuerung und -kontrolle**: Der Netzplan kann für die Überwachung des Projektfortschritts eingesetzt werden. Im Laufe der Projektumsetzung werden Änderungen in den Netzplan eingebaut. Auf dieser Grundlage versucht man, die Auswirkungen der Änderungen zu antizipieren.

6.2.3.1 Strukturanalyse und Entwurf des Netzplans

Die Zerlegung der Projektaufgabe und die Erfassung der Zusammenhänge wurden bereits eingehend diskutiert. Es soll allerdings noch kurz auf verschiedene praxisrelevante Problemstellungen und deren Lösung eingegangen werden.

Da ein Netzplan bei komplexen Projekten schnell unübersichtlich werden kann, wird der Gesamtnetzplan in der Praxis oftmals in Anlehnung an den Projektstrukturplan in einzelne **Teilnetzpläne** aufgeteilt. Hierbei muss besonders auf die umfassende Darstellung der Schnittstellen zwischen verschiedenen Teilnetzplänen geachtet werden.

In vielen Unternehmen werden häufig Projekte des gleichen Projekttyps abgewickelt (z.B. Applikationsprojekte für die Anpassung eines Produktes auf Kundenbedürfnisse). Um den Entwurf eines Netzplans für diese Projekttypen zu erleichtern, werden oftmals **Standard-Netzpläne** entwickelt, in denen die bisherigen Erfahrungen aus anderen Projekten gebündelt werden. Diese Standard-Netzpläne werden dann an die speziellen Bedürfnisse angepasst, die sich aus dem konkreten Projekt ergeben, z.B. durch Erweiterung des Netzplanes um neue Vorgänge.

6.2.3.2 Zeitanalyse

Zur Zeitanalyse gehören

- die Schätzung der Dauern,
- die relative Terminrechnung mit der Vorwärts- und der Rückwärtsrechnung,
- die Ermittlung von Zeitreserven.

Die Berechnung von Zeitreserven ist untrennbar verbunden mit dem Konzept des „Kritischen Pfades“ und mit der Erkennung von Pufferzeiten.

(1) Schätzung der Dauern

Die Erledigung der Aufgaben, die in einem Vorgang enthalten sind, benötigt Zeit. Jeder Vorgang ist mit einem bestimmten Arbeitsaufwand verbunden. Um die Dauer eines Vorgangs abzuschätzen, ist i.d.R. auch eine erste grobe Planung der personellen Ressourcen notwendig (vgl. Abschnitt 5.1).

(2) Relative Terminrechnung

Als Grundlage für die Zeitplanung muss zunächst für jeden Vorgang bestimmt werden, wann er

- frühestens anfangen kann (Frühestmöglicher Anfangszeitpunkt (FAZ)),
- frühestens beendet sein kann (Frühestmöglicher Endzeitpunkt (FEZ)),
- spätestens anfangen kann (Spätestnotwendiger Anfangszeitpunkt (SAZ)),
- spätestens beendet sein muss (Spätestnotwendiger Endzeitpunkt (SEZ)).

Gibt es keine Zeitreserven bei einem Vorgang, so sind die frühesten bzw. spätesten Zeitpunkte der Anfang bzw. das Ende.

(a) Vorwärtsrechnung

Im Rahmen der Vorwärtsrechnung werden die frühesten Anfangszeitpunkte (FAZ) und frühesten Endzeitpunkte (FEZ) berechnet. Hierbei ist darauf zu achten, dass ein Vorgang frühestens dann beginnen kann, wenn alle Vorgänger abgeschlossen sind.

Das folgende **Beispiel** verdeutlicht die Vorgehensweise bei der Vorwärtsrechnung. Hierfür wollen wir das Beispiel von S. 74f. des UTB-Buchs „Projektmanagement“ aufgreifen:

Das betrachtete Unternehmen plant das Projekt, die Datenbanklösung für eine Bank zu erstellen. Wir vereinfachen die Vorgehensweise etwas und konzentrieren uns lediglich auf den Ablauf bis zur Erstellung des ersten Prototyps (A-Muster) eines mit der Datenbank bestückten PCs.

Zunächst wird ein Grobkonzept erarbeitet, das die weitere Vorgehensweise bezüglich der Software und der Hardware betrifft. Die Hauptaufgabe besteht in der Entwicklung der Software; die Hardware wird für den Prototyp von einem Lieferanten zugekauft. Hierbei handelt es sich um den gleichen PC-Typ, auf dem dann die Software bei der Bank letztendlich eingesetzt werden soll. Nach Lieferung des PCs wird er auf seine Funktionstüchtigkeit überprüft. Der letzte Schritt besteht in der Verbindung von Hard- und Software zur Schaffung eines Prototyps.

Abb. 25 verdeutlicht die Vorgänge, die zur Herstellung des Prototyps notwendig sind.

Vorgangsnummer	Beschreibung des Vorgangs	Dauer (in Tagen)	Vorgänger	Nachfolger
01	Grobkonzept entwickeln	4	-	2 und 3
02	Detailkonzept Software entwickeln	5	1	4
03	Hardware bestellen	7	1	5
04	Software umsetzen	10	2	6
05	Funktion der Hardware überprüfen	1	3	7
06	Software testen	2	4	7
07	A-Muster bauen	1	5 und 6	-

Abb. 25: Tabelle zur Beschreibung der Vorgänge im Beispiel

In einem ersten Schritt werden die Vorgänge lediglich gesammelt, in einem nächsten die Dauer geschätzt und abschließend die Vorgänger und Nachfolger bestimmt.

Dieses Beispiel würde in der Realität wahrscheinlich nicht mit Hilfe eines Netzplans geplant, da es relativ überschaubar ist. Allerdings wählen wir hier eine hoch aggregierte Ebene für die Vorgänge (Arbeitspaketebene), um uns auf die Darstellung der Vorgehensweise konzentrieren zu können.

Entsprechend der Darstellung in DIN 69900:2009-01 werden die Vorgangsknoten folgendermaßen aufgebaut:

<table>
<tr><td colspan="3">Vorgangsnummer</td></tr>
<tr><td colspan="3">Beschreibung des Vorgangs</td></tr>
<tr><td>Anfangszeitpunkte:
FAZ
SAZ</td><td>Dauer

Gesamtpuffer</td><td>Endzeitpunkte:
FEZ
SEZ</td></tr>
</table>

Abb. 26: Darstellung eines Vorgangsknotens im Beispiel

Nun wird mit den vorhandenen Angaben der Netzplan gezeichnet:

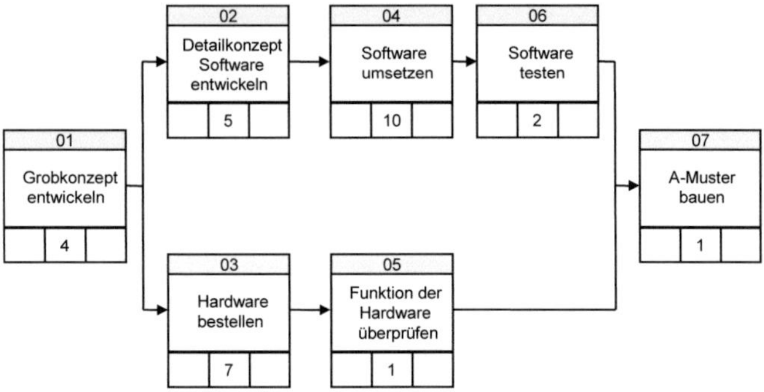

Abb. 27: Vorgangsknoten-Netzplan für das Beispiel

Jetzt können wir mit der sog. Vorwärtsrechnung beginnen, um das früheste Ende unseres Projektes zu berechnen. Der Startzeitpunkt entspricht dem Zeitpunkt 0. Mit dem Arbeitspaket kann gleich begonnen werden, also ebenfalls zum Zeitpunkt 0. Für die Erstellung des Grobkonzeptes wurden 4 Tage veranschlagt, d.h. der Vorgang kann frühestens nach 4 Tagen beendet sein. Sobald das Grobkonzept steht, kann mit dem Detailkonzept für die Software begonnen werden. Kann das Detailkonzept tatsächlich in den veranschlagten 5 Tagen fertig gestellt werden, erreichen wir einen FEZ von 9. Zeitgleich, also ebenfalls in Zeitpunkt 4, wird die Hardware bestellt, für deren Lieferung 7 Tage einzukalkulieren sind, d.h. der FEZ liegt bei Zeitpunkt 11.

Die weiteren frühestmöglichen Anfangs- und Endzeitpunkte werden ebenso berechnet. Eine besondere Schwierigkeit bereitet allerdings die Berechnung der FAZ und FEZ von Vorgang 07, denn Hardware und Software können erst dann zu einem Prototyp zusammengefügt werden, wenn beide Komponenten zur Verfügung stehen. Obwohl die Hardware bereits ab Zeitpunkt 12 verfügbar wäre, kann der Bau des A-Musters frühestens in Zeitpunkt 21 erfolgen, da erst jetzt die funktionstüchtige Software einsetzbar ist (vgl. Abb. 28).

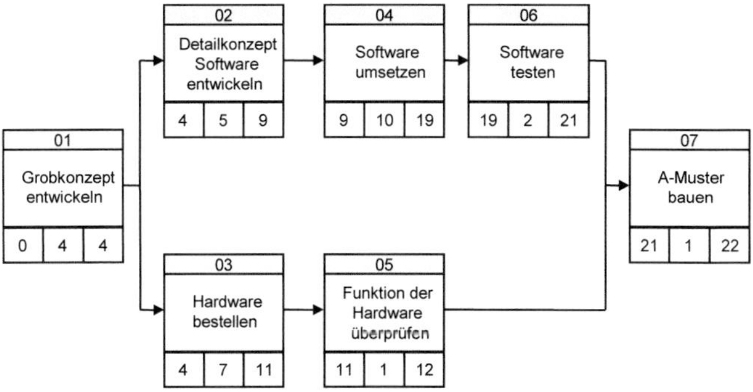

Abb. 28: Vorgangsknoten-Netzplan mit FAZ und FEZ

Das A-Muster könnte somit frühestens zum Zeitpunkt 22 zur Verfügung stehen.

(b) Rückwärtsrechnung

Die Rückwärtsrechnung dient der Beantwortung der Frage, wann alle Vorgänge spätestens beginnen bzw. abgeschlossen sein müssten, um den frühesten Projektendtermin aus der Vorwärtsrechnung erreichen zu können. Es geht also um die Berechnung der spätestnotwendigen Anfangs- und Endzeitpunkte.

Man nimmt nun das gerade im Rahmen der Vorwärtsrechnung gewonnene früheste Projektende als spätest zulässiges Projektende an und folgt dem Netzplan jetzt in der gegenläufigen Richtung. Sollte für das Projekt mehr Zeit zur Verfügung stehen, wird der entsprechende Endtermin als spätest zulässiges Projektende angesetzt.

Für die Fertigstellung des A-Musters wird 1 Tag benötigt, so dass dieser Vorgang spätestens zum Zeitpunkt 21 begonnen sein muss, wenn das Projektende weiterhin bei Zeitpunkt 22 liegen soll. Bei der Software ergeben sich keine Änderungen zwischen den frühstmöglichen und den spätestnotwendigen Anfangs- und Endzeitpunkten, d.h. es gibt dort keine Zeitreserven. Bei der Hardware sind allerdings Reserven feststellbar: Die Hardware steht frühestens zum Zeitpunkt 12 funktionstüchtig zur Verfügung, müsste aber erst spätestens zum Zeitpunkt 21 einsetzbar sein.

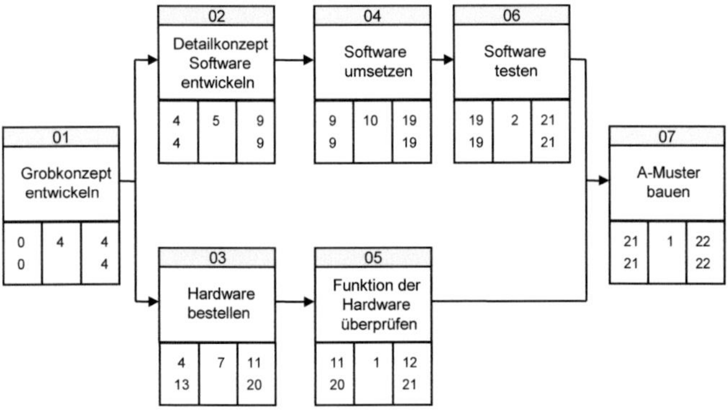

Abb. 29: Netzplan mit Vorwärts- und Rückwärtsrechnung

(3) Ermittlung von Zeitreserven

(a) „Kritischer Pfad"

Der „Kritische Pfad" besteht aus Vorgängen ohne Zeitreserven, d.h. eine zeitliche Änderung wirkt sich automatisch auf den Endtermin des Netzplanes aus. Die Vorgänge des „Kritischen Pfades" bedürfen daher besonderer Aufmerksamkeit der Projektleitung, denn Verzögerungen bei diesen Vorgängen gefährden den vereinbarten Projektendtermin.

Im Beispiel kann man den Kritischen Pfad deutlich daran erkennen, dass bei den betreffenden Vorgängen die FAZ der SAZ und die FEZ der SEZ entsprechen. Er verläuft entlang der Vorgänge, die sich mit der Software-Planung und -Umsetzung beschäftigen (Vorgänge 02, 04, 06).

(b) Pufferzeiten

Es können **zwei Arten von Pufferzeiten** berechnet werden:

– Der **Gesamtpuffer** als Differenz der Frühesten Anfangszeit (FAZ) und der Spätesten Anfangszeit (SAZ). Er gibt an, wie weit sich ein Vorgang verschieben lässt, ohne eine Verzögerung des Projektendes zu verursachen.

  Im obigen Beispiel gibt es bei den Vorgängen 03 und 05, also bei der Bestellung und Funktionsprüfung der Hardware, Zeitreserven. Bei Vorgang 03 entspricht die Differenz von Spätester und Frühester Anfangszeit 9 Tagen. Für die rechtzeitige Fertigstellung des A-Musters würde es also auch genügen, die Hardware am Tag 13 zu bestellen bzw. die Lieferung der Hardware dürfte sich um 9 Tage verzögern.

  Die Zeitreserve bei Vorgang 05 beträgt ebenfalls 9 Tage. Diese 9 Tage dienen als Gesamtpuffer für beide Vorgänge: Sollten die gesamten 9 Tage bereits bei Vorgang 03 benötigt werden, so gibt es keinen Puffer mehr für Vorgang 05. Werden Teile des Puffers für Vorgang 03 aufgebraucht, so reduziert sich der Puffer von Vorgang 05 entsprechend.

– Der **Freie Puffer** ist die „Zeitspanne, um die ein Ereignis bzw. Vorgang gegenüber seiner frühesten Lage verschoben werden kann, ohne die früheste Lage anderer Ereignisse bzw. Vorgänge zu beeinflussen“ (DIN 69900:2009-01).

  In unserem Beispiel gibt es einen freien Puffer bei Vorgang 05: Die früheste Endzeit (FEZ) von 12 kann um 9 Tage verschoben werden, ohne dass die früheste Anfangszeit (FAZ) des Nachfolgers „A-Muster bauen“ gefährdet wird. Gibt es mehrere Nachfolger, so wird der freie Puffer als Differenz des kleinsten frühesten Anfangs aller Nachfolger des betrachteten Vorgangs und dem frühesten Ende des betrachteten Vorgangs berechnet (vgl. *Schwarze* [Netzplantechnik] 155).

6.2.3.3 Optimierung des Netzplans

Auf der Grundlage der Zeitanalyse ergibt sich ein erstes Bild der bisherigen Projektplanung mitsamt der Abhängigkeiten zwischen den Arbeitspaketen, den kritischen Pfaden und den vorhandenen Puffern. Erst jetzt beginnt die eigentliche Arbeit mit dem Netzplan: Was bedeuten diese Abhängigkeiten und wie sollte ich den Ablauf gestalten, damit ich eine möglichst gute Lösung im Sinne einer wirklich guten Zielerfüllung unter den gegebenen Restriktionen erreiche? Durch das graduelle und iterative Verbessern der Abläufe nähert man sich einer „möglichst optimalen" Lösung an.

Zunächst werden die Arbeitspakete, insbesondere diejenigen auf dem kritischen Pfad, daraufhin untersucht, inwieweit Arbeiten parallelisiert und damit zeitlich überlappend gestaltet werden können. Dadurch können sich neue Puffer ergeben, die auch die kritischen Pfade ändern können.

Anschließend kommt der entscheidende Schritt der **Zeit-Kosten-Optimierung**: In den meisten Projekten wird Zeitverzug mit Strafen, sog. Pönalzahlungen, belegt. Eventuell winken auch Bonuszahlungen für eine schnellere Fertigstellung des Projektes oder es entgehen dem Unternehmen anderweitig Gewinne, z.B. durch einen früheren Auftritt mit einem neuen Produkt auf dem Markt.

Man vergleicht also zunächst die momentan geplante Gesamtdauer mit der vom Kunden vorgesehenen Dauer, abgeleitet vom vorgegebenen Endtermin. Bei Abweichungen müssen diese Zusatzkosten bzw. Zusatzerträge den Kosten gegenübergestellt werden, die durch Beschleunigungsmaßnahmen entstehen würden.

Als **Beschleunigungsmaßnahmen** kommen in Frage (vgl. *Patzak* / *Rattay* [Projektmanagement] 272):

– **Überlappung von Arbeitspaketen (Fast Tracking)**

  Man lässt ein Arbeitspaket beginnen, bevor dessen Vorgänger ganz abgeschlossen ist, obwohl die Arbeitspakete logisch eigentlich hintereinander gehören und somit das eine Arbeitspaket abgeschlossen sein sollte, ehe das andere beginnen kann. Ein sehr drastisches Beispiel könnte sein, die Auslieferung eines Produktes zu beginnen, bevor die Systemtests vollständig abgeschlossen sind. Dieses Beispiel zeigt, dass Fast Tracking hohe Risiken mit sich bringen kann. Die möglichen Auswirkungen der Überlappung der Arbeitspakete müssen daher sehr genau durchdacht und entsprechende Maßnahmen eingeplant werden.

– **Verdichtung (Crashing)**

  Arbeitspakete können durch Kapazitätsmaßnahmen grundlegend verkürzt werden. Hier kommen beispielsweise Überstunden, das Bereitstellen weiterer Ressourcen, die Vergabe von Arbeitspaketen an spezialisierte Unterauftragnehmer oder die Bereitstellung von Bonuszahlungen für die Mitarbeiter in Frage. Eine Verdichtung ist allerdings nicht für jedes Arbeitspaket geeignet und kann zu Mehrkosten führen.

– **Technologische Maßnahmen**

  Hier kommen beispielsweise ein Technologiewechsel, das Splitten von Vorgängen, das Eingehen höherer Risiken, z.B. durch Minimierung der Testläufe, oder das Einplanen leistungsfähigerer Ressourcen zum Einsatz.

– **Organisatorische Maßnahmen**

  Ein Beispiel könnte hier die Umbesetzung des Teams sein, die sich aber auch kontraproduktiv auswirken kann, z.B. in Form von Motivationsverlusten bei den verbleibenden Teammitarbeitern.

Die **Optimierung** kann dann nach folgender Logik erfolgen (vgl. *Patzak/Rattay* [Projektmanagement] 270ff.):

[1] Konzentration auf den kritischen Pfad bzw. die kritischen Pfade

[2] Einsatz von Beschleunigungsmaßnahmen an jenen Stellen, bei denen das Kosten-Nutzenverhältnis am günstigsten erscheint. In der Praxis wird häufig an dem frühestmöglichen Vorgang angesetzt, der sich für eine Beschleunigung eignet. Auf diese Weise soll das Projektrisiko minimiert werden.

[3] Festlegung des Ausmaßes der Beschleunigung: Ende der Beschleunigung, wenn der nächste Pfad kritisch wird

6.2.3.4 Nutzung für die Projektsteuerung und -kontrolle

Wurde ein Netzplan entworfen und optimiert, so bietet er eine gute Grundlage für die Projektsteuerung, wenn die tatsächlichen Vorgänge und Dauern verfolgt und in einem aktualisierten Netzplan nachgehalten werden. Auf diese Weise können die Auswirkungen von eventuellen Änderungen auf andere Vorgänge und Termine konkret abgeschätzt werden.

Die Änderung eines Netzplans war in früheren Zeiten ohne **Softwareunterstützung** ein sehr aufwändiges Unterfangen. Mittlerweile sind Änderungen mit Hilfe des PCs gut nachzuvollziehen und mit einem überschaubaren Aufwand verbunden. Die meisten Softwarepakete für das Projektmanagement nutzen die Ablaufplanung als Grundlage für die weiteren Teilprozesse der Planung, wie die Kosten- und die Ressourcenplanung sowie für die Projektsteuerung (vgl. *Meyer* [Projektablaufplanung] 314).

6.2.4 Kritische Würdigung

Abschließend sollen die Vor- und Nachteile der Netzplantechnik genauer untersucht werden (vgl. z.B. *Schelle* [Projekte] 135ff., *Schwarze* [Netzplantechnik] 106f.).

Vorteile der Netzplantechnik

- Mit Hilfe der Netzplantechnik können komplizierte Abhängigkeiten im Projektablauf dargestellt werden, d.h. der Netzplan schafft Transparenz. Hierzu ist es notwendig, das gesamte Projekt exakt zu durchdenken und eventuelle Probleme zu antizipieren.
- Grundsätzlich kann in einem Netzplan der Ablauf eines Projektes geplant werden, ohne dass die Dimension „Zeit“ zunächst im Vordergrund steht, d.h. man plant wahrscheinlich realistischere Zeitaufwände, als wenn man die Auswirkungen auf die Terminlage im gleichen Schritt fokussiert.

- Die Netzplantechnik ermöglicht eine detaillierte Zeitplanung und die Erkennung des „Kritischen Pfades", bei dem Zeitabweichungen die Erreichung des geplanten Endtermins gefährden können. Die Vorgänge auf dem „Kritischen Pfad" sind jedoch genauso Ansatzpunkte zur Verkürzung der Gesamtprojektdauer, also zur Zeitoptimierung (vgl. *Schmitz/Windhausen* [Projektplanung] 77).
- Werden die tatsächlichen Ist-Werte für die Aktualisierung des Netzplans genutzt, so ist die Netzplantechnik eine sinnvolle Grundlage für die begleitende Projektsteuerung und –kontrolle. Die Konsequenzen von Abweichungen für die Durchführung weiterer Vorgänge und die termingerechte Erreichung von Meilensteinen können auf diese Weise frühestmöglich untersucht und zur Ableitung von entsprechenden Gegenmaßnahmen genutzt werden.
- Durch die klare Visualisierung der Abhängigkeiten trägt der Netzplan zu einer verbesserten Zusammenarbeit und Koordination der Projektbeteiligten bei.
- Mit Hilfe der graphischen Darstellung kann leichter überprüft werden, inwieweit alle Vorgänge berücksichtigt wurden und ihre Einordnung im Ablauf stimmt.
- Ein Netzplan führt dem Planenden die Größe eines Projektes anschaulich vor Augen.
- Der Netzplan dient als Grundlage für die weitere Planung, z.B. der Ressourcen und der Kosten. Die notwendigen Informationen können beispielsweise in einem Vorgangsknoten-Netzplan explizit vermerkt werden.
- Die Erstellung und Verwendung von Standardnetzplänen kann zu einer Verbesserung der Planungsqualität für ähnliche Projekte führen. Insbesondere die Schätzgenauigkeit der Dauern und somit der Termine sowie der notwendigen Ressourcen könnte durch die Nutzung der zurückliegenden Erfahrungen verbessert werden. Zudem kann ein Standardnetzplan die Effizienz der Projektplanung steigern.

Nachteile bzw. Probleme der Netzplantechnik

- Die Netzplantechnik ist ein relativ aufwändiges Instrument, dessen Beherrschung in Planung und Analyse einige Übung erfordert. Meist sind Schulungen notwendig, um das Instrument sinnvoll nutzen zu können.
- Erfolgt eine sehr detaillierte Planung, so kann die Netzplantechnik unübersichtlich und schwerfällig werden. Zudem kann ein zu hoher Detaillierungsgrad die Flexibilität des Projektteams reduzieren, da die genaue Beschreibung wie eine Reglementierung wirkt. Wird der Plan dagegen zu grob erstellt, könnten eventuelle Koordinations- und Abstimmungsnotwendigkeiten übersehen werden.
- Oftmals gibt es mehrere Möglichkeiten für die Reihenfolge von Abläufen, d.h. die Anordnungsbeziehungen sind nicht immer eindeutig. Für die Ausarbeitung der Planung kann es daher sinnvoll sein, verschiedene Methoden der Ablaufplanung zu kombinieren, z.B. zuerst eine Checkliste zur Identifikation der wichtigsten Vorgänge heranzuziehen und anschließend einen ersten Balkenplan zu zeichnen. Auf diese Weise kann man sich schrittweise über eine möglichst effiziente Anordnung der Vorgänge und Meilensteine Klarheit verschaffen.
- Ein Netzplan kann in unterschiedlichen Varianten gezeichnet werden. Der Nutzer muss sich also zunächst auf die vorliegende Variante (z.B. Darstellung der Knoten mit Anordnung von Anfangs- und Endzeitpunkten sowie Dauer und Puffer) einstellen.
- Bei deterministischen Netzplänen kann beim Nutzer der Eindruck entstehen, dass es lediglich einen einzigen möglichen Projektablauf gibt. Mit Hilfe der Netzplantechnik wird jedoch keine optimale Reihenfolge festgelegt, sondern eine sinnvolle Reihenfolge unter Berücksichtigung logischer Abhängigkeiten und der gegebenen Rahmenbedingungen (z.B. Kapazitäten, Termine). Sollten sich Probleme bei der Planung oder Realisierung des Projektes ergeben, kann es sehr wichtig sein, den Netzplan zu ändern.

Die Netzplantechnik kann eine hilfreiche, vielseitige und flexible Methode zur Planung, Steuerung und Kontrolle des Projektablaufes und der Projekttermine sein. Sie dient auch als wichtige Grundlage für die Ressourcen- und die Kostenplanung. Insbesondere bei großen Projekten kann es sich anbieten, die Netzplantechnik mit anderen Instrumenten der Projektablauf- und der Projekttermin-planung zu kombinieren, wie z.B. dem Balkenplan.

7 Projektterminplanung

Im Rahmen der Projektablaufplanung wird die logische Anordnung der Aufgaben festgelegt, die im Projektverlauf erledigt werden müssen. Der nächste Schritt besteht nun in der Ermittlung der Zeit für die in der Ablaufplanung beschriebene Aktivitätenfolge.

Folgende **Methoden der Terminplanung** werden unterschieden:

- Geschwindigkeitsdiagramm
- Terminliste
- Zeitfixierter Balkenplan
- Vernetzter Balkenplan
- Netzplan

Die Methoden weisen einen sehr unterschiedlichen Informationsbedarf und Komplexitätsgrad auf. Sie sollen von der einfachsten zur komplexesten Methode aufsteigend erörtert werden.

7.1 Geschwindigkeitsdiagramm

In einem Geschwindigkeitsdiagramm wird der Projektablauf mit Hilfe von Leistungskenngrößen verdeutlicht. Es handelt sich dabei um eine relativ grobe Darstellung.

Je nach Kenngröße unterscheidet man

- Weg-Zeit-Diagramme
- Mengen-Zeit-Diagramme
- Leistungs-Zeit-Diagramme

Abb. 30 beschreibt den Terminplan für den Bau einer Brücke in Form eines Weg-Zeit-Diagramms. Jedem Arbeitspaket wird eine gewisse Dauer zugeordnet und diese im Diagramm abgetragen.

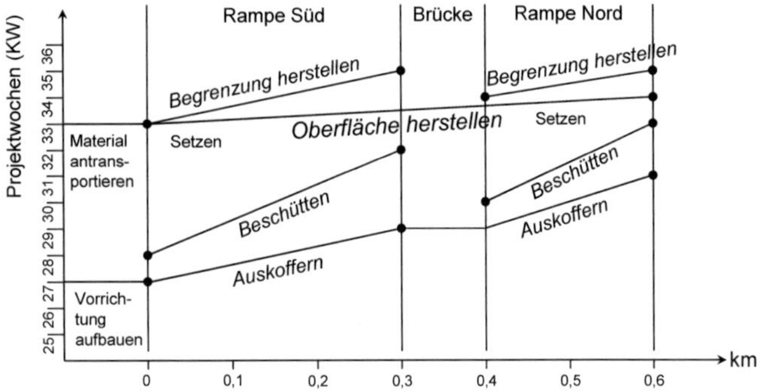

Abb. 30: Weg-Zeit-Diagramm
(Quelle: Patzak/Rattay [Projektmanagement] 250)

Für ein solches Geschwindigkeitsdiagramm muss der Leistungsfortschritt sehr klar an einer bestimmten Leistungsgröße festgemacht werden können (wie im Beispiel der Abb. 30 an den gebauten Kilometern der Brücke). Zudem muss das Projekt relativ überschaubar sein, da das Diagramm schnell unübersichtlich wird.

7.2 Terminliste

Bei einer Terminliste (auch Terminplan genannt) werden alle Aufgaben mit ihren geschätzten Dauern sowie den geplanten Start- und Endterminen aufgeführt.

Die Terminliste in Abb. 31 geht auf unser Beispiel der Erarbeitung einer Datenbank aus Abb. 25 zurück; dabei werden fünf Arbeitstage in der Woche berücksichtigt.

Vorgangsnummer	Beschreibung des Vorgangs	Dauer	Starttermin	Endtermin
01	Grobkonzept entwickeln	4	Mo, 01.02.10	Do, 04.02.10
02	Detailkonzept Software entwickeln	5	Fr, 05.02.10	Do, 11.02.10
03	Hardware bestellen	7	Fr, 05.02.10	Mo, 15.02.10
04	Software umsetzen	10	Fr, 12.02.10	Do, 25.02.10
05	Funktion der Hardware uberprüfen	1	Di, 16.02.10	Di, 16.02.10
06	Software testen	2	Fr, 26.02.10	Mo, 01.03.10
07	A-Muster bauen	1	Di, 02.03.10	Di, 02.03.10

Abb. 31: Terminliste

Eine solche Liste kann dem Projektleiter gut als Grundlage für die Vereinbarung von Lieferterminen mit den Verantwortlichen für bestimmte Arbeitspakete dienen. Die endgültige Liste wird dann wahrscheinlich eher die Endtermine beinhalten und insbesondere der Überwachung des Projektfortschritts dienen.

Eine Terminliste ist einfach zu erstellen und zu verstehen. Allerdings sind Abhängigkeiten in der Liste nicht direkt zu sehen, fließen aber mittelbar mit in die Erstellung der Liste ein. Dies hat zur Folge, dass die Methode nur bei relativ einfachen, leicht überschaubaren Projekten angewendet werden sollte, bei denen wenige Verknüpfungen vorliegen. Ansonsten wird die Liste schnell unübersichtlich und zu komplex für den Anwender, der die Abhängigkeiten zwar bei der Erstellung mitdenken muss, sie aber nicht systematisch notieren kann.

7.3 Zeitfixierter Balkenplan

In einem Balkenplan werden die geplanten Dauern pro Arbeitspaket in graphischer Form als Balken dargestellt. Auf diese Weise soll die Übersichtlichkeit erhöht werden. Die einfachste Form eines Balkenplanes wird nach ihrem Erfinder, *Henry Lawrence Gantt*, als Gantt-Technik bezeichnet.

Die **Vorgehensweise** entspricht jener bei der Erstellung einer Terminliste: Zunächst werden die Arbeitspakete aufgelistet. Je nach gewünschtem Detaillierungsgrad der Planung können hier auch die einzelnen Aufgaben pro Arbeitspaket aufgeführt werden. Dann werden die Dauern geschätzt und die Start- und Endtermine abgeleitet.

Meistens werden Balkenpläne um **Meilensteine** ergänzt, die mit Hilfe einer Raute dargestellt werden: Bestimmte markante Ereignisse, die besonders wichtig für den weiteren Projektverlauf sind, werden mit in den Balkenplan integriert. Diese Meilensteinplanung dient als Grundlage für die spätere Kontrolle in Form einer Meilensteintrendanalyse. In Abb. 32 steht beispielsweise ein Meilenstein „A-Muster gebaut" am Ende des Ausschnitts aus dem Projektplan, da dieses Arbeitsergebnis für den weiteren Projektablauf besonders erfolgskritisch ist.

Der zeitfixierte Balkenplan ermöglicht eine gute Übersicht über die geplante terminliche Lage der Arbeitspakete bzw. der einzelnen Aufgaben. Er ist aufgrund seines direkten Zeitbezugs gut verständlich und zeitliche Überlappungen werden schnell deutlich. Somit ist ein Balkenplan „das zentrale Visualisierungsmittel der Terminplanung und ein wichtiges Kommunikationsinstrument für das Projektmanagement" (*Patzak/Rattay* [Projektmanagement] 255). Oftmals werden komplexe Projekte zunächst mit Hilfe der Netzplantechnik durchgeplant, dann aber zu Kommunikationszwecken in Balkenpläne übersetzt.

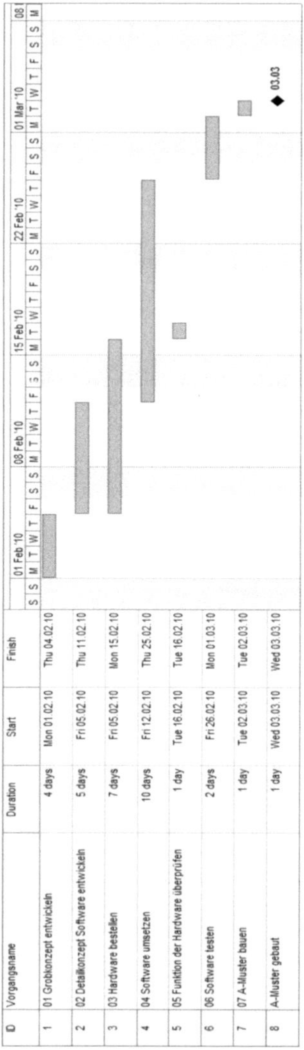

Abb. 2-32: Beispiel für einen zeitfixierten Balkenplan in der Projektmanagement-Software MS Project

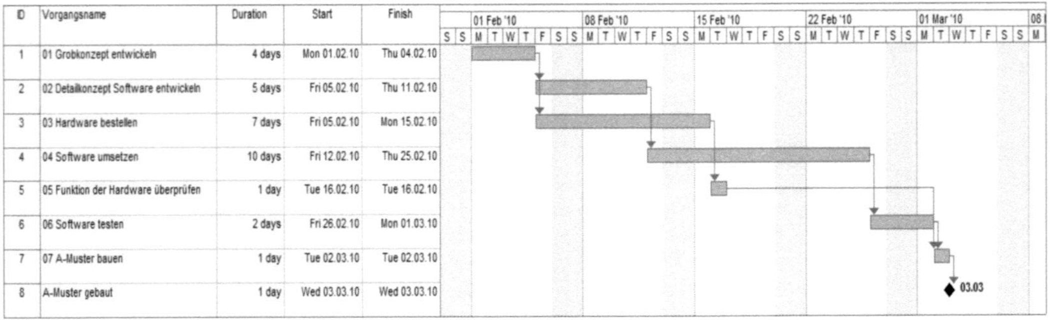

Abb. 2-533: Beispiel für einen vernetzten Balkenplan in der Projektmanagement-Software MS Project

Allerdings werden bei dieser Grundvariante des Balkenplans die Abhängigkeiten zwischen den verschiedenen Arbeitspaketen lediglich implizit gedanklich mit berücksichtigt, sind jedoch nicht explizit ausgewiesen. Dies erschwert die Anpassung des Balkenplans an neue Entwicklungen. Bei Änderungen muss dann besonders darauf geachtet werden, dass die Abhängigkeiten wieder mit in die Planung einfließen und nicht versehentlich übersehen werden. Diese Problematik steht bei der Weiterentwicklung zum vernetzten Balkenplan im Vordergrund.

7.4 Vernetzter Balkenplan

Bei vernetzten Balkenplänen werden zusätzlich zur zeitlichen Darstellung der Aufgabenpakete auch ihre logischen und ressourcenbedingten Abhängigkeiten mit in die Betrachtung einbezogen. Es handelt sich hierbei also um ein Instrument der Termin- **und** Ablaufplanung, wie es auch der Netzplan darstellt.

Die Vorgehensweise zur Erstellung des zeitfixierten Balkenplans wird um einen zusätzlichen Schritt erweitert: Nach der Auflistung aller Arbeitspakete und der Schätzung der jeweiligen Dauer werden die Abhängigkeiten mit ihren Auswirkungen auf die Zeitachse berücksichtigt (z.B. Wartezeiten). Zudem werden oftmals Meilensteine mit eingeplant, wie es auch bei den zeitfixierten Balkenplänen möglich ist.

Ein vernetzter Balkenplan verdeutlicht die kritischen Pfade und die zeitlichen Puffer im Projekt: Beispielsweise erkennt man in Abb. 33 auf einen Blick, dass Arbeitspaket 05 einen großen zeitlichen Puffer enthält. Da Arbeitspaket 05 unmittelbar von Arbeitspaket 03 abhängt, erstreckt sich der Puffer auf beide Arbeitspakete gemeinsam. Andererseits wird deutlich, dass die Arbeitspakete 01, 02, 04, 06 und 07 auf dem kritischen Pfad liegen, d.h. dass Verzögerungen in diesen Arbeitspaketen sich sofort negativ auf den Endtermin auswirken.

In einem vernetzten Balkenplan sind die meisten Informationen enthalten, die sich auch in einem Netzplan finden. Allerdings kann der Balkenplan relativ schnell an Übersichtlichkeit verlieren, je mehr Arbeitspakete mit verschiedenen Verknüpfungen zu berücksichtigen sind. Der vernetzte Balkenplan ist daher v.a. für relativ einfach strukturierte Projekte zu empfehlen, bei komplexen Aufgabenstellungen ist der Netzplan das geeignetere Instrument.

7.5 Netzplan

Die Netzplantechnik wurde bereits eingehend in Abschnitt 6.6.2 dargestellt. Ein Netzplan bietet auf der Grundlage der Ablaufplanung umfassende Möglichkeiten für die Termin-, Ressourcen- und Kostenplanung. An dieser Stelle soll lediglich auf die Bedeutung im Rahmen der Terminplanung eingegangen werden.

Für die Terminplanung müssen die Ergebnisse im Anschluss an die Zeitanalyse und die Optimierung des Netzplans noch in Kalendertermine umgerechnet werden. Die meisten Projektmanagement-Softwarepakete bieten die Möglichkeit, diese Umrechnung vorzunehmen. Sie berücksichtigen dabei Sonn- und Feiertage sowie andere arbeitsfreie Tage, wie z.B. Betriebsferien, und bieten die Möglichkeit, ggf. die Länge des Arbeitstages und die Länge der Arbeitswoche zu modifizieren (vgl. *Schelle* [Projekte] 140). Nun ist der Vergleich der geplanten Termine mit den Terminvorstellungen des Auftraggebers möglich.

Für die **Kalendrierung** müssen folgende Daten zur Verfügung stehen (vgl. *Patzak/Rattay* [Projektmanagement] 269f.):

- Start- oder Endtermin des Projektes als Kalendertag
- die übliche Arbeitszeit (z.B. fünf Arbeitstage pro Woche)
- die Feiertage im Durchführungszeitraum
- die Fixtermine
- Bei Planung eines Teilprojektes Ecktermine als Schnittstellen zum Gesamtprojektplan.

Literaturverzeichnis

Die Autoren haben im UTB-Verlag ein Gesamtwerk zum Projektmanagement veröffentlicht.

Bamberg, G., *Coenenberg*, A.G. u. M. *Krapp*: Betriebswirtschaftliche [Entscheidungslehre]. 14. A., München 2008.

Burghardt, M.: Einführung in [Projektmanagement]: Definition, Planung, Kontrolle, Abschluss. 5. A., Erlangen 2007.

Burke, R.: [Projektmanagement]: Planungs- und Kontrolltechniken. Bonn 2004.

Coenenberg, A.G., *Fischer*, T.M. u. T. *Günther* [Kostenrechnung] und Kostenanalyse. 7. A., Stuttgart 2009.

Corsten, H., *Corsten*, H. u. R. *Gössinger*: [Projektmanagement]. 2. A., München 2008.

Cronenbroeck, W.: Handbuch Internationales [Projektmanagement]. Berlin 2004.

Domschke, W. u. A. *Drexl*: Einführung in [Operations Research]. 7. A., Berlin, Heidelberg, New York 2007.

Kerzner, H.: [Projektmanagement]: Ein systemorientierter Ansatz zur Planung und Steuerung von Projekten. 2. A., Bonn 2008.

Kindler, A., *Jahnke*, B. u. W. *v. Schneyder*: [Aufwandsschätzung] von Projekten: Eine Standortbestimmung. In: projektMANAGEMENT aktuell, Heft 1/2005, S. 14-22.

Klein, R. u. A. *Scholl*: Planung und [Entscheidung]: Konzepte, Modelle und Methoden einer modernen betriebswirtschaftlichen Entscheidungsanalyse. München 2004.

Litke, H.-D.: [Projektmanagement]: Methoden, Techniken, Verhaltensweisen, evolutionäres Projektmanagement. 5. A., München 2007.

Meyer, M.M.: [Projektablaufplanung]. In: *Bernecker*, M. u. K. *Eckrich*: Handbuch Projektmanagement. München, Wien 2003, S. 295-316.

Noth, T.: [Aufwandschätzung] von FuE-Projekten. In: *Platz*, J. u. H.J. *Schmelzer*: Projektmanagement in der industriellen Forschung und Entwicklung: Einführung anhand von Beispielen aus der Informationstechnik. Berlin, Heidelberg, New York 1986, S. 161-180.

Patzak, G. u. G. *Rattay*: [Projektmanagement]: Leitfaden zum Management von Projekten, Projektportfolios und projektorientierten Unternehmen. 5. A., Wien 2009.

Schelle, H.: [Projekte] zum Erfolg führen: Projektmanagement systematisch und kompakt. 6. A., München 2010.

Schmitz, H. u. M.P. *Windhausen*: [Projektplanung] und Projektcontrolling: Planung und Überwachung von besonderen Vorhaben. 3. A., Düsseldorf 1986.

Schwarze, J.: Projektmanagement mit [Netzplantechnik]. 10. A., Herne, Berlin 2010.

Schweitzer, M. u. H.-U. *Küpper*: [Systeme] der Kosten- und Erlösrechnung. 10. A., München 2011.

Winkelhofer, G.: Management- und [Projekt-Methoden]: Ein Leitfaden für IT, Organisation und Unternehmensentwicklung. 3. A., Berlin, Heidelberg, New York 2005.

Zimmermann, J., *Stark*, Ch. u. J. *Rieck*: [Projektplanung]: Modelle, Methoden, Management. 2. A., Berlin, Heidelberg, New York 2010.

Stichwortverzeichnis